高等职业教育艺术设计类新形态项目化教材

居住
空间设计

LIVING SPACE DESIGN

池诗伟　**主编**

中国轻工业出版社

图书在版编目（CIP）数据

居住空间设计 / 池诗伟主编. -- 北京：中国轻工业出版社，2025. 1. -- ISBN 978-7-5184-5114-2

Ⅰ. TU241

中国国家版本馆CIP数据核字第2024D985Q2号

责任编辑：李　争　　责任终审：高惠京　　设计制作：锋尚设计
策划编辑：王　淳　王　玙　　责任校对：朱　慧　朱燕春　　责任监印：张京华

出版发行：中国轻工业出版社（北京鲁谷东街5号，邮编：100040）
印　　刷：天津裕同印刷有限公司
经　　销：各地新华书店
版　　次：2025年1月第1版第1次印刷
开　　本：870×1140　1/16　印张：8
字　　数：230千字
书　　号：ISBN 978-7-5184-5114-2　定价：58.00元
邮购电话：010-85119873
发行电话：010-85119832　010-85119912
网　　址：http://www.chlip.com.cn
Email：club@chlip.com.cn

231969J2X101ZBW

根据《教育部关于加强高职高专教育人才培养工作的意见》有关精神，为满足高职高专建筑装饰类及相关专业基本建设的需要，经过广泛调研，本教材注重实践，以“基于岗位工作过程”为原则进行组织与编写。

本书是一部关于建筑装饰类专业主干课程居住空间设计的配套教材。主要内容包括准备篇、过程篇、案例篇和附录篇四个部分，结合实际案例，系统介绍了当前居住空间设计新的理论、新的设计手法以及现行的相关规范及标准。将居住空间设计理论知识与专题设计结合在一起，并通过图文并茂的形式进行解说，使教材既具有系统针对性，又具有实用性。内容由浅入深，难度适中，适合作为环境艺术设计专业和建筑装饰类相关专业的教材或教学参考用书，也可以作为室内设计从业人员的自学参考用书。

本书基于岗位工作过程，以培养学生职业能力为目的，以家装设计任务为主线，与市场紧密对接，引进企业案例，实施项目驱动教学形式，较之以往传统教材，无论在编排方式上，还是学习方法上都有很大的不同，以篇章为学习模块，分成几大课题项目，每个项目包含若干专题任务，在每个专题任务中加入实际案例，将理论知识融入每个具有代表性的工程实例中去，把理论与实践操作有机结合起来，着重培养学生的实际操作和应用能力，体现了高等职业教育“工学结合”的特色。此外，本书在总体结构和内容安排上，体现职业教育的特点，立足市场需求，从用人单位岗位需求进行阐述，选用装饰行业实际案例进入课堂，让学生直接参与装饰公司的设计项目，教师在教学安排时可根据学生的掌握情况进行相应的课题选择。同时本书向使用者提供相关配套案例、课件等资源，学习者可扫描二维码下载使用。

本书由深圳信息职业技术学院池诗伟主编，并由数字媒体学院高西成院长进行主审。同时本书在编写过程中，得到了深圳市室内设计师协会、深圳市浩天装饰设计工程有限公司的大力支持。在此表示衷心感谢。本书在编写过程中参考了相关的文献资料，谨在此向作者致以由衷的感谢。由于时间仓促，内容或有疏漏和不足，敬请广大读者批评指正。

编者

于深圳

目录
CONTENTS

准备篇

项目一　居住空间设计基础

过程篇

项目二　居住空间方案设计

案例篇

项目三　居住空间设计案例

附录篇

居住空间设计标准与规范

准备篇

项目一 居住空间设计基础

任务一　居住空间认识

学习目标

学习居住空间设计的含义、分类、历史及未来发展等相关内容，理解居住空间设计的定义，了解我国居住空间设计变迁及发展现状，了解居住空间设计未来发展趋势，了解居住空间设计分类及常见户型，为家装设计师开展设计打下坚实基础。

一、居住空间设计内容

居室通常指居住的范围或空间。狭义地说，它是家庭生活的标志；广义地说，它是社会文明的表现。现代居室是科学机能与机械产物的艺术结晶。中国古代人认为："君子将营宫室，宗庙为先，厩库次之，居室为后。"说明中国古代对居室以宗法为重心，以农耕为根本的社会居住原则，兼顾精神与物质要素。在西方，古罗马建筑家维特鲁威认为，所有居室皆需具备实用、坚固、愉快三个要素。2000年前就已在实质上把握了功能、结构和精神价值方面的原则。到了现代，美国现代主义建筑先驱赖特则倡导"功能决定形式"，认为人是自然的一部分，居住者应接收到充足的自然生活要素。美国著名建筑师弗兰克·劳埃德·赖特认为：居室的完善实质在于内部空间，它的外观形式也应由内部空间来决定。居室的结构方法是表现美的基础，如图1-1所示。居室建地的地形特色是居室本身特色的起点。居室的实用目标与设计形式统一，方能和谐。而法国著名建筑师勒·柯布西耶则认为：居室是居住的机器，居室设计需像机器设计一样精密正确。它不仅需考虑生活上的直接实际需要，且需从更广泛的角度去研究和解决人的各种需求。诸如：居室应为人类提供完整的服务，它需同时提供功能的、情绪的、心理的、经济的和社会的服务。此外，居室的美植根在人类的需要之中。

（a）外部结构

（b）内部空间

图1-1　流水别墅（Falling water）

二、居住空间设计的历史沿革

居住空间设计是人类创造并美化自己生存环境的活动之一。确切来讲，应该称之为居住环境设计。人类居住空间的发展大致可以分为早期、中期和现代三个阶段。

1. 早期阶段

早期阶段即原始社会至奴隶社会中期，人类赖以遮风避雨的居住空间大多数是天然山洞、坑穴或者借自然林木搭起来的“窝棚”。这些天然形成的内部空间毕竟太不舒适，人们总想把环境改造一番，以利于生存。不过，从现代观点来看，人类早期作品与后来某些矫揉造作的设计相比，其单纯、朴实的艺术特点反倒有一种魅力，并不时激发起我们创作的灵感。

该时期居住空间的特点是由于生产技术落后，建造能力有限，所以人们只能以穴居方式居住在坑穴及山洞或构木为巢，形成巢居的生活方式。只能满足基本生存的需求，后者后来逐渐发展成为干栏式建筑。干栏式建筑是以竹、木为主要建筑材料的两层建筑，上层住人、下层放养动物或堆放杂物，这种建筑可防虫蛇、防潮、防洪水，在中国古代南方盛行。而中国古代北方地区，为防风、雨、严寒则经历了穴居→靠山窑→木骨泥墙的建筑形态。早期木骨泥墙在构造和处理手段上为后来建筑技术的发展打下了基础，如图1-2所示。

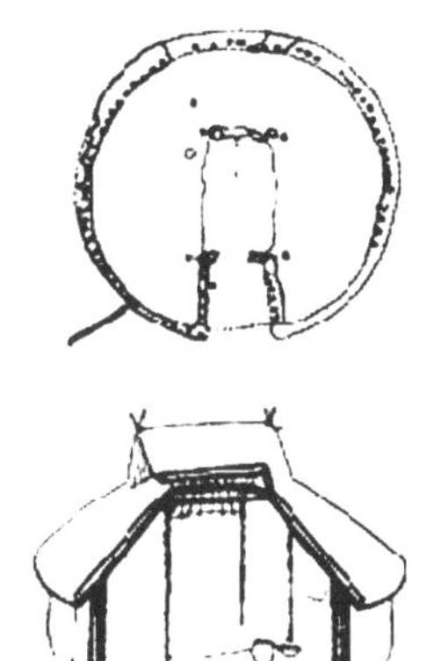
图1-2　陕西半坡村遗址居室解析图及平面图

2. 中期阶段

中期阶段即奴隶社会后期、封建社会至工业革命前期。这个时期人类改造客观世界的能力在不断提高，人类的居住空间不单是简单的“容器”了，此阶段居住空间的“精神功能”被人们所重视。所谓“精神功能”指的是那些满足人们精神需求的空间内容。“空间气氛”“空间格调”“空间情趣”“空间个性”等术语阐述的，实质上是空间艺术质量的问题，是衡量居住设计质量的重要标准之一。人生享乐主张在中期阶段居住空间设计活动中开始得到重视。在东方，特别是在封建帝王统治下，中国宫殿雕梁画栋，华丽异常，如图1-3所示。西方的文艺复兴姗姗来迟，此后的社会财富拥有者们也后来居上，大兴土木，把宫苑、别墅修建得十分壮观，内部空间奢华。这个时期的生活空间设计往往追求面面俱到，特别是在近距离观赏和手足可及之处，无不尽雕琢之能事。为了炫耀财富的拥有，为了满足感官的舒适，昂贵的材料、无价的珍宝、名贵的艺术品都被带进了居住空间里，如图1-4所示。

图1-3 北京故宫内部装饰图

该时期内部装饰的特点是随着生产技术的进步，物质财富的增多并日益集中，建造目的复杂化。这一时期建造了结构复杂、庞大的，消耗性强的皇宫、别墅山庄，以及哥特式、洛可可式、巴洛克式的楼、台、亭、阁等。这一时期的建筑形式复杂、风格多样。其居住空间设计工艺精致、巧妙，极大地丰富了居住设计的内容，给后人留下了一笔丰厚的艺术遗产。但另一方面，那些反映统治阶层趣味的、不惜动用大量昂贵材料堆砌而成的豪华内部空间，也给后人埋下了醉心于装潢而忽视空间关系与建筑结构逻辑的病根。

图1-4 法国凡尔赛宫内部装饰图

3. 现代阶段

震撼世界的第一次工业革命开拓了现代居住设计事业发展的新天地。自工业革命以来，钢、玻璃、混凝土、批量生产的纺织品和其他工业产品，以及后来出现的大批量生产的人工合成材料，给设计师带来了更多的选择。新材料及其相应的构造技术极大地丰富了居住空间的设计内容，如图1-5所示。

现代居住空间设计的主要特点是：追求实用功能，注重运用新的科学与技术，追求居住空间“舒适度”的提高；注重充分利用工业材料和批量生产的工业产品；讲究人情味，在物质条件允许的情况下，尽可能追求个性与独创性；重视居住空间设计的综合艺术风格。

图1-5 现代居住空间设计

三、居住空间设计分类及常见户型

居住空间或称为住宅，居室是人们赖以生存最基本也是最重要的生活场所，随着人类社会的进步而发展。家装设计师应首先研究家庭结构，生活方式和习惯，以及住宅居室特点，通过多样化的空间组合形成满足不同生活要求的居室。住宅居室主要包括以下几种形式：单体式住宅、联体式住宅、单元式住宅、公寓式住宅及商住两用住宅。

1. 单体式住宅

作为住宅的一种重要形式，在西方发达国家，尤其是在郊区、小城市和乡村，单体式住宅相当普遍。改革开放以来，这种形式在我国的发展也非常迅猛。单体式住宅一般带有庭院和宽敞的内部空间，可以保持其独特性。可以根据个人的需要来计划设计或重新改造整个房子。因而，它能更好地满足人们对私密性的要求，使人的活动更自由，建筑形象更具个性化。单体式住宅是住宅类型的重要组成部分，其技术含量和内部设施要求比高层住宅更高，价格更昂贵，因而这类住宅的开发、经营和设计应注意创造更加舒适、安全的居住环境，使建筑形象与空间更加别致新颖，有独特的个性，设备、设施配套。带阁楼的复式建筑，其卧室一般在楼上的阁楼里面，带天窗。单体式住宅主要形式有：

（1）单层单体住宅。主要包括起居室、主卧室、餐厅、厨房、浴室以及家庭活动室等。

（2）两层或三层单体住宅。主层布局和单层相差无几，不同在于房顶比较高，在顶层的上面一般还有一个整层或半高的阁楼。

（3）三层以上的住宅。典型的布局会把起居室、餐厅、厨房等放在主层。高出几个台阶属于卧室部分，向下几个台阶是家庭活动室和生活设施室。主层下面的一层可设置储藏间或额外的卧室。

2. 联体式住宅

随着住宅商品化的发展，不同的居住者会有不同类型套型的住宅需求。除了上述介绍的单体式住宅，还有联体式住宅，如图1-6所示。联体式住宅为两套或多套拼联，其边墙与相邻房屋毗连，既有独立结构的私密性，较独立式住宅而言又具有经济性，但每套住宅只有三面或两面临空。有一字排开，也有围合式的连接形式。联体式住宅具有单体式住宅的许多优点，例如，更有效地利用土地以便更多的人可以居住在离市中心、学校或商业区更近、更便利的地区；既有独立性，又能节约用地，价格相对也要便宜一些。

3. 单元式住宅

单元式住宅是相对于单体式住宅而言的住宅形式，它可以容纳更多的住户。单元式住宅又称梯间式住宅，是目前我国大量兴建的多层和高层住宅中应用最广的一种住宅建筑形式。单元式住宅的基本特点有：①每层以楼梯为中心，每层安排户数较少，各户自成一体。②户内生活设施完善，既减少了住户之间的相互干扰，又能适应多种气候条件。③可以标准化生产，造价经济合理。④保留有一些公共使用面积，如楼梯、电梯、走道等，保证了邻里交往，有助于改善人际关系（图1-7）。

4. 公寓式住宅

公寓式住宅最早是舶来品，一般建在大城市，大多数是高层，标准较高。每一层内有若干单户独用的套房，包括卧室、起居室、客厅、浴室、厕

图1-6 联体式住宅

图1-7　单元式住宅

所、厨房、阳台等，室内提供家具等设施，主要供一些常来常往的中外客商及其家眷中短期租用，也有一部分附设于旅馆酒店之内供短期租用。公寓式住宅中也有一些豪华公寓或独层公寓，它们一般比较大，质量更好，甚至有一些豪华的设施。楼的底层或是附近一般会有便利的配套服务设施。此外，公寓式住宅还有一些可供不同类型的人定期居住，如青年公寓、老年人公寓和学生公寓等。

5. 商住两用住宅

如今，我们已经进入了一个“足不出户，便知天下事”的信息时代，居住空间的传统观念也受到了新思维的挑战。商住两用住宅又可称商务住宅，与前三种形式相比，它的功能不是简单地居住，而是将居住与办公活动结合起来，成为一种既可居住又可办公的高档民用空间，在产权上属于公寓类型，但其又完全具备写字楼的功能，是近年来出现的一种极具个性化和功能性的居住空间形式。商住两用住宅以一种全新的面貌出现，给人们带来了新的居家办公理念，适用于那些需要长期在家办公的特殊人群。设计上丝毫不亚于豪华尊贵的高档写字楼，商务配套和生活配套也让用户耳目一新。近年来出现的SOHO、LOFT空间就体现了商住两用住宅的具体形态。SOHO是英文Small Office Home Office的缩写，从字面来理解即是小型家庭办公一体化。LOFT英语的意思是指工厂或仓库的楼层，现指没有内墙隔断的开敞式平面布置住宅。LOFT发源于20世纪六七十年代美国纽约，逐渐演化成为一种时尚的居住与生活方式。它的定义要素主要包括：高大而宽敞的空间，上下双层的复式结构，类似戏剧舞台效果的楼梯和横梁；兼具流动性，户内无障碍；透明性，减少私密程度；开放性，户内空间全方位组合；艺术性，通常是业主自行决定所有风格和格局。LOFT是同时支持商住两用的形态，因此，主要消费群体包括个性上的和功能上的两类。作为功能上的考虑，一些比较需要空间高度的场所适合使用LOFT形态，如电视台演播厅、公司产品展示厅等；作为个性上的考虑，许多年轻人以及艺术家都是LOFT的消费群体，甚至包括一些IT企业在内。

四、居住空间设计未来发展趋势

居住空间的发展离不开社会经济和文化生活的发展，它是时代的反映。伴随着现代科技和文化的迅猛发展，不同于以往的新的生活需求和生活方式不断出现，人们的居住空间环境必然会发生翻天覆地的变化。以下从多功能化、新材料新技术、智能化、老年化、绿色生态、人文化等方面研讨居住空间环境未来的发展趋势。

1. 多功能化的居住空间

现代生活内容比以往更为丰富，因而现代城市生活的居住空间的使用功能大大多于从前，包括交流、就餐、阅读、睡眠、娱乐、健身、储藏等，只有通过多样的功能设计才能满足人们日益多样化的需求，这将是未来社会居住空间的必然发展趋势，如图1-8所示。

图1-8 多功能化的居住空间

2. 采用新材料、新技术的居住空间

目前，世界各国都面临能源紧张的局面，因此，节能环保材料和技术的研发利用势必成为未来居住空间设计的主流，如图1-9所示。

3. 智能化的居住空间

清晨醒来，飘香的早餐刚好准备完毕；刚离开床沿，窗帘便自动徐徐打开；轻轻一扬手，房门柜门便自动让路；离开房间，完全不用担心忘记关灯、锁门；进入厨房，依然可以收看不愿错过的电视剧，或者伴随着悠扬的音乐声享受半自动做菜的乐趣；安坐客厅，一键便可遥控音响、电视和计算机；即使出门在外，通过手机或计算机设备依然可以清晰地了解家中状况；回家的路上，可以提前打开家中的空调和热水器；借助门磁和红外传感器，系统会自动打开过道灯和电子门锁……如此人性化、智能化的便捷生活，已经不再仅出现于畅想未来的科幻电影之中，智能化家居已经走进了平常人的工作、学习和生活中。

智能化住宅利用系统集成的方式，将现代计算机技术、现代控制技术、现代图像显示技术等多种高科技与各种各样的建筑通过网络联系起来，使住宅建筑节能、材料、结构、设备、服务及管理依照住户的需要进行最优化的智能组合，目前，已经有企业开始开发智能化住宅，虽然其智能化的水平还有待完善，人们对智能化住宅的接受度也有待提高，但是，方便、舒适的智能化住宅将是未来居住空间的发展方向，如图1-10所示。

4. 老年化的居住空间

我国即将步入老龄化社会，由于老年人群有一定的积蓄，并且许多老年人和子女是分开居住的，因此，未来老年人的居住空间应该充分考虑到老年人的生理特点和心理需求。其居住空间设计应从便捷、实用、经济的角度出发，保证老年人的居住环境安静舒适，不受噪声干扰，保持空气流通、光照良好。设计者应注意老年人的生活、活动特点，结合人体工学对空间布局、设施设备、活动的舒适性进行全面考虑，如图1-11所示。

5. 绿色生态的居住空间

“绿色住宅”是指健康、节能、低污染的居住空间，即现在所提倡的“低碳生活”空间。“绿色住宅”是涵盖了生态环境和可持续发展的一个新理念。它不仅注重住宅和居住区等硬件建设，还重视人们文明生活方式的软件建设。它强调人与自然环境的和谐共生，有效地利用自然、回归自然，提倡能源的重复利用，有效控制污染，以创造一个绿色生态环境，如图1-12所示。

6. 人文化的居住空间

所谓人文化的居住空间是指人与人在交流过程

图1-9 采用新材料、新技术的居住空间

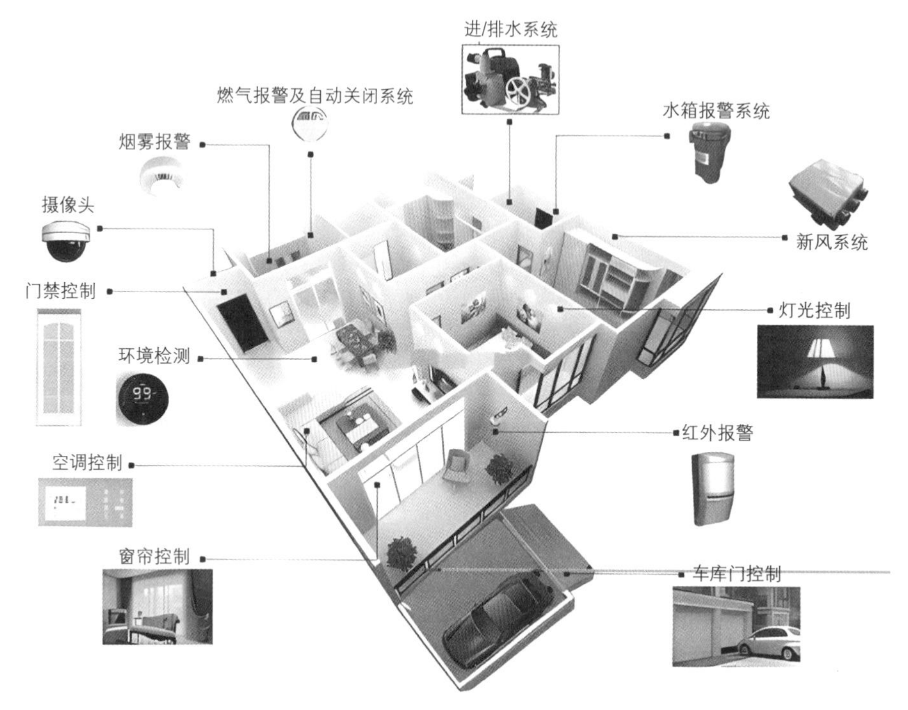

图1-10 家居智能化控制（监控）系统

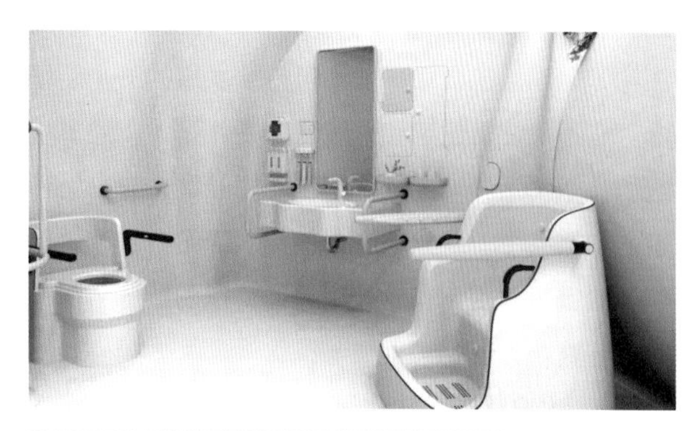

图1-11 卫生间安装扶手，方便老人搀扶

图1-12 人与自然和谐共生的居住空间

中形成具有民族特色历史文化、风俗民情的大环境空间，直接影响到人们居住环境的生活质量。因此，在住宅区营造出有特色的和谐人文环境就成了未来房地产住宅开发面临的一大命题，也是未来居住空间发展的一大趋势。目前，住宅设计重回“城镇”模式等理念，就是注重营造邻里乡情的具体表现，如图1-13所示。

图1-13 人文化的居住空间

五、社会调查与实践

根据任务一所掌握的居住空间设计基本理论，进行现场调查与实践活动，具体内容如表1–1、表1–2所示。

表1–1　市场调查表

<table>
<tr><th colspan="4">居住空间设计需求调查</th></tr>
<tr><td colspan="4">工作计划：</td></tr>
<tr><td>任务内容</td><td>组员姓名</td><td>任务分工</td><td>指导教师</td></tr>
<tr><td rowspan="3"></td><td></td><td></td><td rowspan="3"></td></tr>
<tr><td></td><td></td></tr>
<tr><td></td><td></td></tr>
<tr><td colspan="4">引导问题：思考现代住宅所面临的种种问题，结合“以人为本”的设计理念，谈谈你对现代意义“家”的理解。
社会调查：
以小组为单位，寻找一个有家装设计需求的业主，并完成一份需求调查报告，任务目的与要求：
1. 本课题教师作引导性示范，可安排课外练习。
2. 了解居住空间设计的相关内容和要求，有意识地进行团队协作完成任务，与市场接触，形成职业意识。
3. 认真务实地调查，完成如下内容。
现场教学：
参观居住空间装修工场，指出各分项、分部工程名称及设计要求，完成现场考察记录。
任务目的与要求：
1. 本课题可安排为“实训基地”（学校或企业）参观。计划课内与课外结合完成。
2. 了解居室施工场所内容及相关事项，增强学生对居室居住空间设计的认识；融合“建筑装饰施工技术课程”的知识，以服务和应用于本课程后续课题。
3. 做好现场考察记录，分小组进行（一般为三人一组：一人徒手画记录，一人文字记录，一人摄影记录）。培养团队合作的能力。要事先制定进程安排和安全细则。
4. 观后，以小组为单位完成一份调研报告，手工作业，幅面为4开卡纸。
（1）工场概况（业主居室情况、周边环境、规模要求等）。
（2）户型结构（平面格局，梁柱位置等）。
（3）项目内容（结构改造，界面装饰，木制品制作，设备安装，管线敷设等）。
（4）设计特点（结合项目内容，一般分空间阐述，然后总结）。
（5）图文并茂，手工排版，表现形式不限。</td></tr>
</table>

表1–2　家庭情况调查表

<table>
<tr><th colspan="7">家庭成员信息集合</th></tr>
<tr><td>家庭成员</td><td>姓名</td><td>年龄</td><td>职业</td><td>教育程度</td><td>特殊习惯</td><td>偏好色彩</td></tr>
<tr><td>例，男主人</td><td>张三</td><td>40</td><td>语文教师</td><td>博士</td><td>爱上网</td><td>白色</td></tr>
<tr><td></td><td></td><td></td><td></td><td></td><td></td><td></td></tr>
<tr><td></td><td></td><td></td><td></td><td></td><td></td><td></td></tr>
<tr><td></td><td></td><td></td><td></td><td></td><td></td><td></td></tr>
<tr><td></td><td></td><td></td><td></td><td></td><td></td><td></td></tr>
</table>

续表

家具信息集合						
物件名称	尺寸	原有放置空间	使用者	质材描述	使用状况	希望改善
例，衣柜	长180cm、深60cm、高210cm	主卧室	父母	橡木	不够用	增加吊架抽屉×6

空间物品信息集合												
物品名称	玄关	起居室	餐厅	厨房	浴室	阳台	储藏室	主卧室	书房	客房	老人房	儿女房
家电												
旧形大家具												
衣类												
收藏品												
食品												
中期储品												
机动使用品												
其他												

任务二　居住空间功能与尺寸

学习目标

学习了解居住空间设计使用的基本常识和基本尺度，用抄绘和现实生活测量记录的方式熟记生活中的常用尺寸，并在设计实践中加以运用。

居住空间的功能包括起居、餐饮、就寝、工作学习、储藏等。这些功能在室内物理空间中都与人的身体静态尺度和动态尺度活动密切相关，在设计家居空间之前，必须了解和熟悉相关空间功能与尺寸。

家居空间设计涉及的人体与空间基本尺寸包括以下几个方面：①人体不同姿态相关尺寸；②客厅空间与尺度；③餐厅空间与尺度；④厨房空间与尺度；⑤卫生间空间与尺度；⑥卧室空间与尺度。

一、人体不同姿态相关尺寸

人体不同姿态相关尺寸，如图1-14所示。

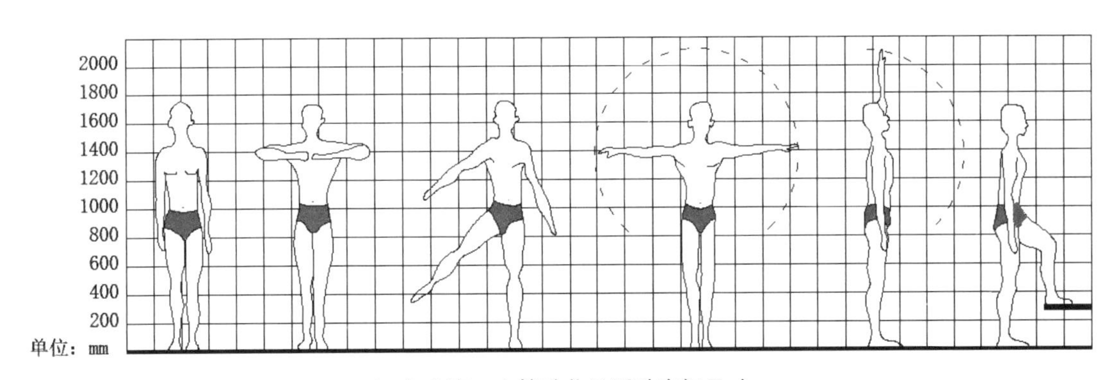

（a）立姿、上楼动作及活动空间尺寸

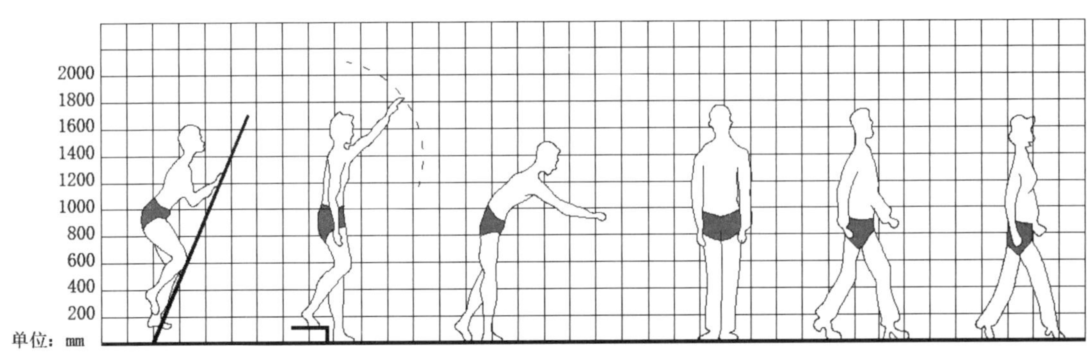

（b）爬楼、下楼、行走动作及活动空间尺寸

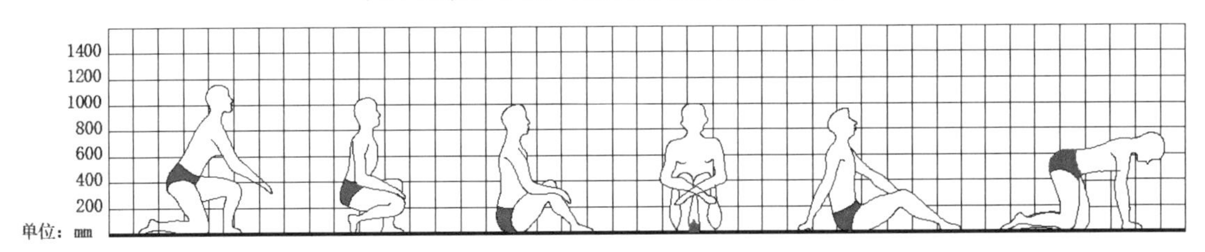

（c）跪姿、跪坐姿动作及活动空间尺寸

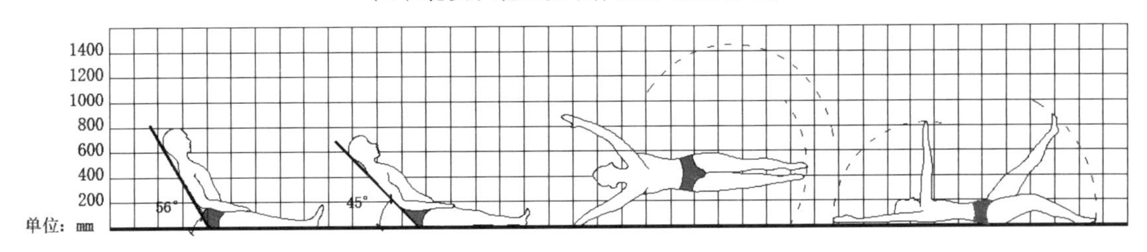

（d）躺姿、睡姿动作及活动空间尺寸

图1-14　人体不同姿态相关尺寸

二、客厅空间与尺度

客厅是家人居家休闲、会客、活动的场所，同时兼有临时用餐、阅读等附属功能。客厅是家居装饰设计的重点。客厅的空间设计最能体现业主的气质和品位。客厅设计时要注意对室内动线的合理布局，行动路线设计要流畅。对原有不合理的建筑布局进行适当的调整，使之更符合空间尺寸要求。客厅家具常见的布局有一字型、面对面型、L型和U型，如图1-15所示。

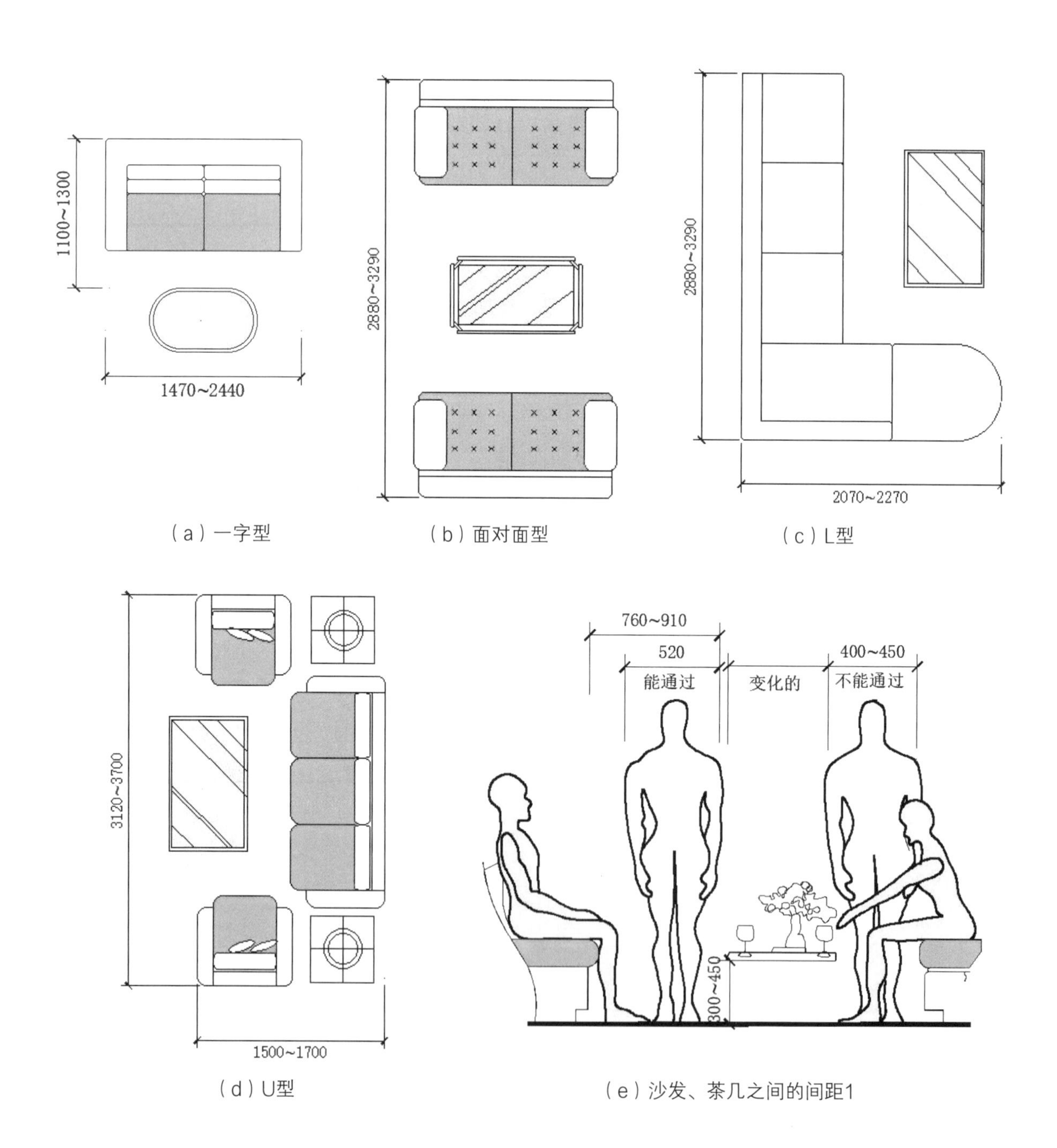

（a）一字型　（b）面对面型　（c）L型

（d）U型　（e）沙发、茶几之间的间距1

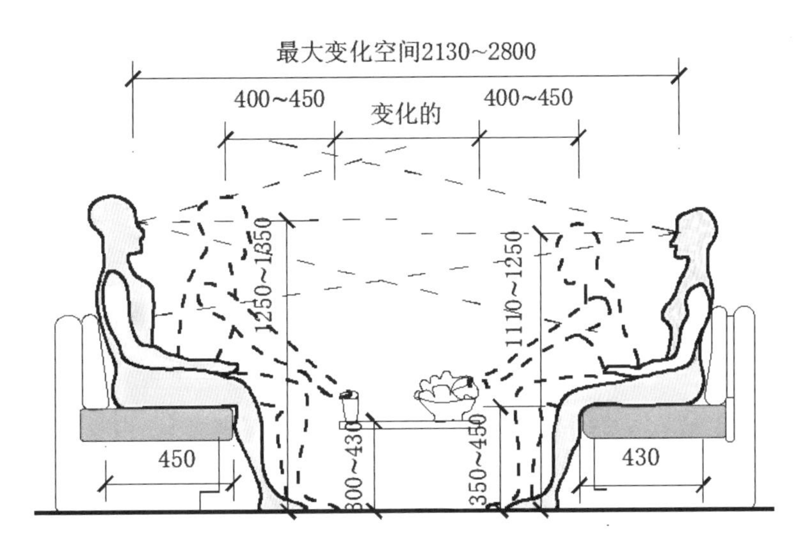

（f）沙发、茶几之间的间距2

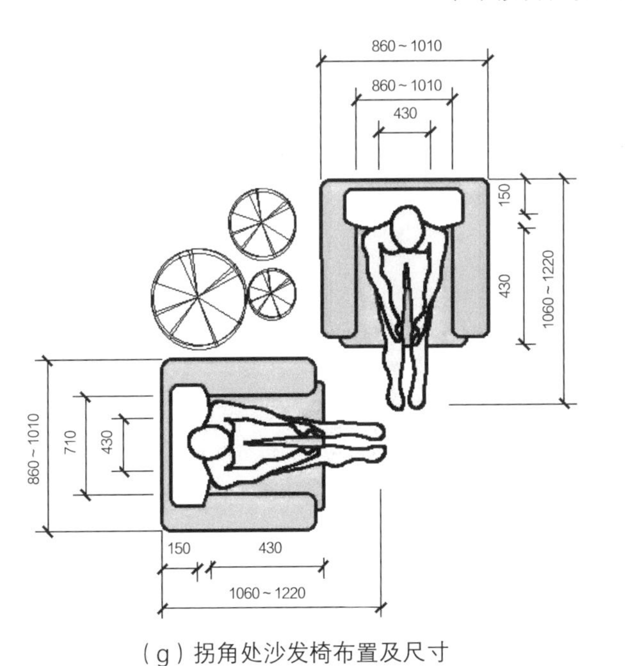

（g）拐角处沙发椅布置及尺寸

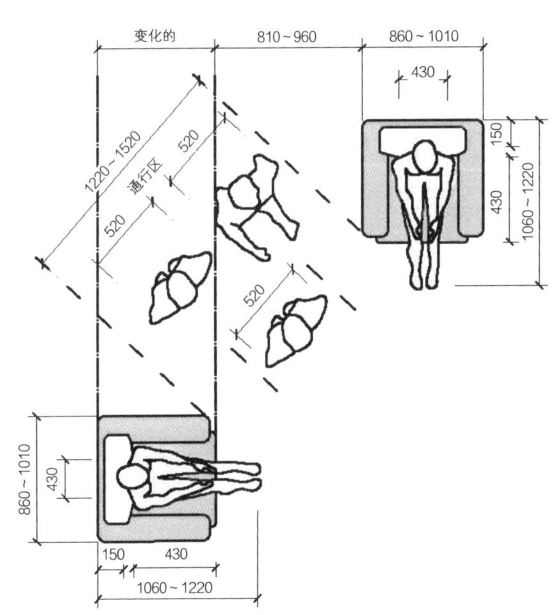

（h）可通行拐角处沙发布置及尺寸

图1-15　客厅家具布置尺寸图（单位：mm）

三、餐厅空间与尺度

餐厅是居家用餐和宴请宾客的场所，也是家人团聚和交流情感的空间。客厅与餐厅相连是现代家居中最常见的布局形式。这就需要在设计时注意空间的划分技巧，放置隔断和屏风是既实用又美观的做法，也可以利用地板形态、色彩、图案和材质的变化将餐厅与客厅划分成两个格调不同的区域，还可以通过色彩和灯光进行划分。餐厅的家具主要有餐桌、餐椅和酒柜等，餐厅根据面积的大小可分为小型餐厅、中型餐厅和大型餐厅等，餐厅家具的布置尺寸具体如图1-16所示。

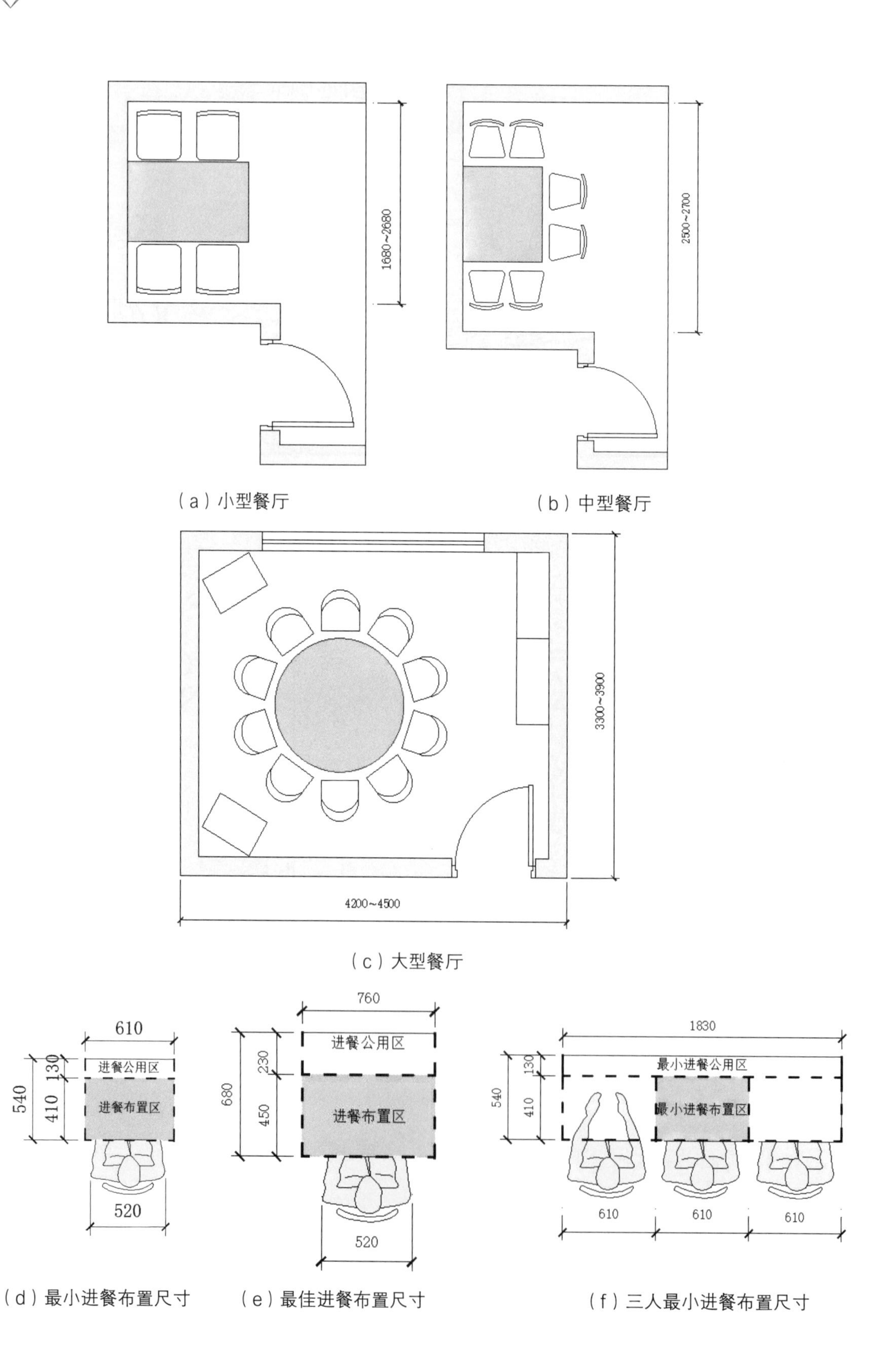

（a）小型餐厅

（b）中型餐厅

（c）大型餐厅

（d）最小进餐布置尺寸

（e）最佳进餐布置尺寸

（f）三人最小进餐布置尺寸

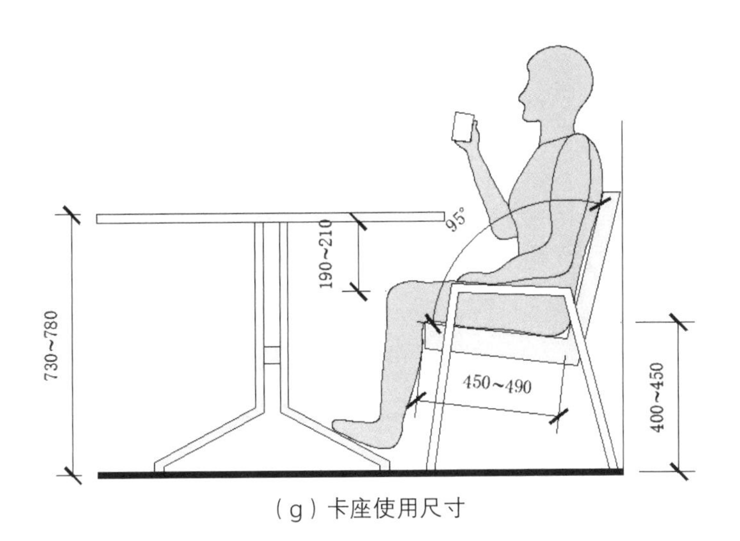

（g）卡座使用尺寸

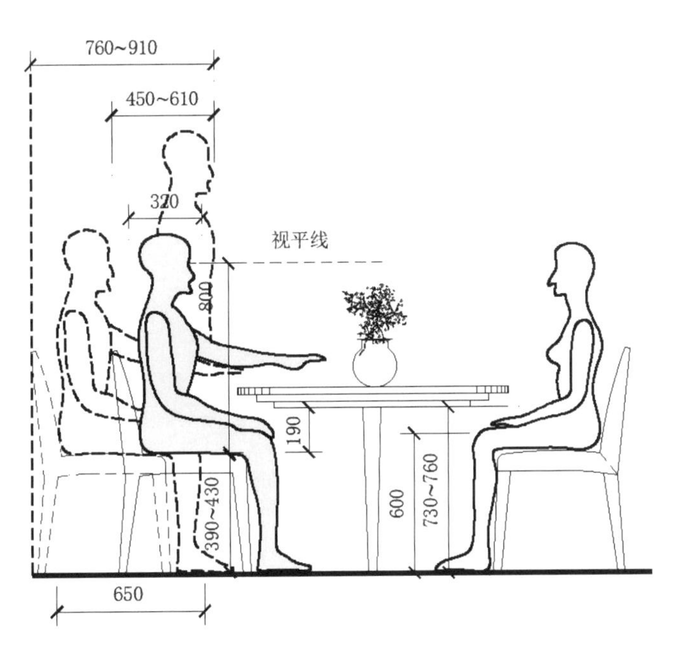

（h）最小就座间距

图1-16　餐厅家具布置尺寸图（单位：mm）

四、厨房空间与尺度

厨房的空间形式一般分为封闭式和开放式两种。封闭式的优点是便于清洁，烹饪产生的油烟不影响室内其他空间。开放式的优点是形式活泼生动，有利于空间的节约和共享，厨房的设计需要按照人体工学进行工作流程的分析。采用一字型、L型、U型或岛型等中的某一种厨房布置方式，在此基础上再进行具体的工作流程的安排，如图1-17所示。

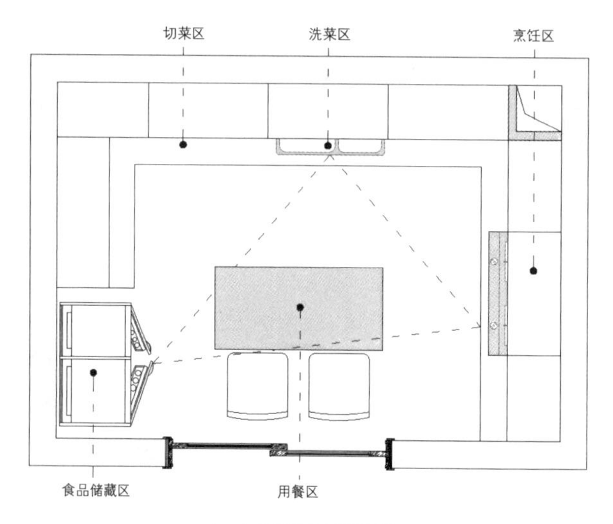

（a）厨房三角区域

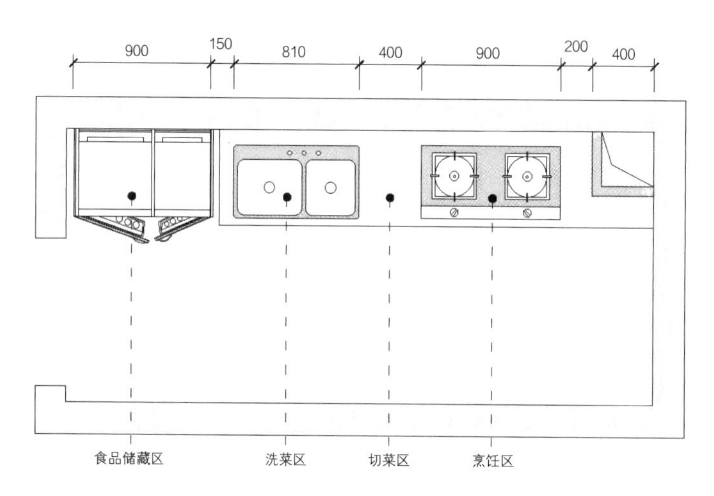

（b）一字型厨房经济布置

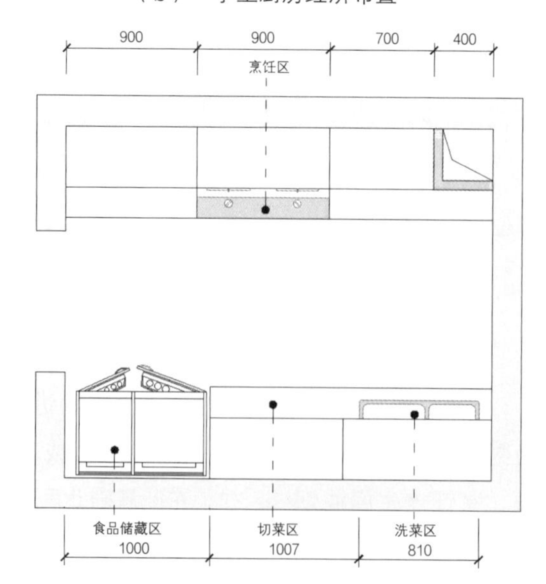

（c）二字型厨房经济布置

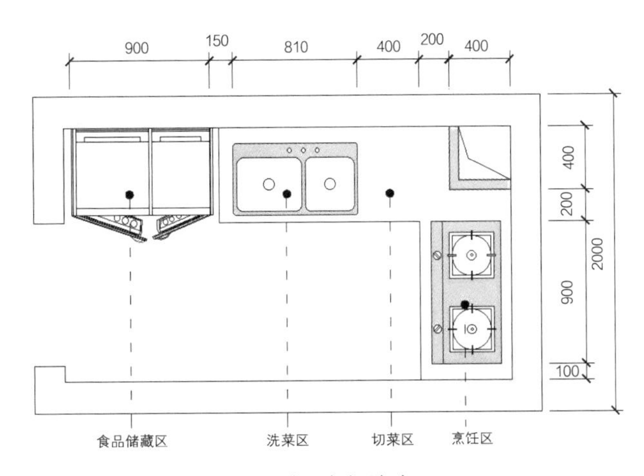

（d）L型厨房经济布置

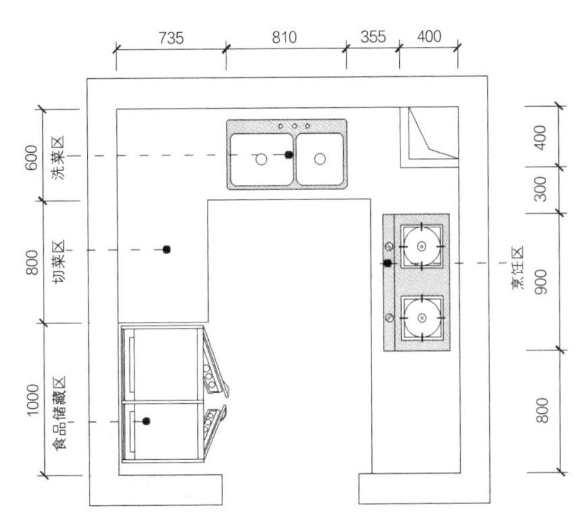

（e）U型厨房经济布置

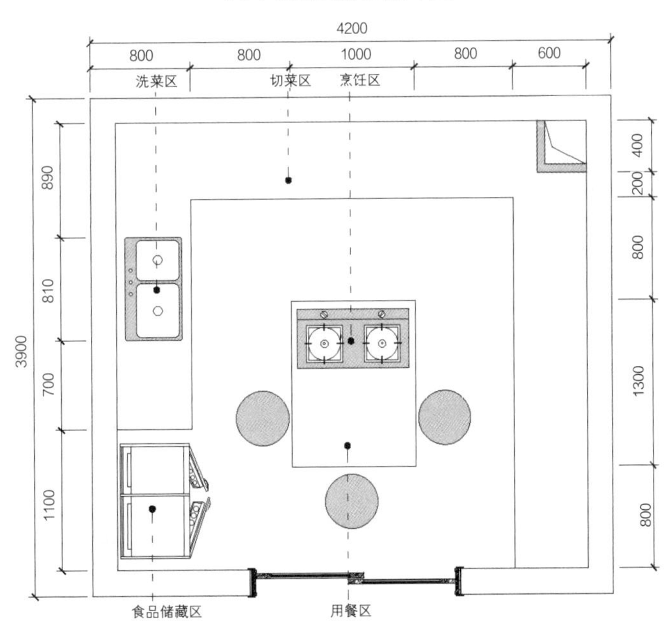

（f）岛型厨房布置

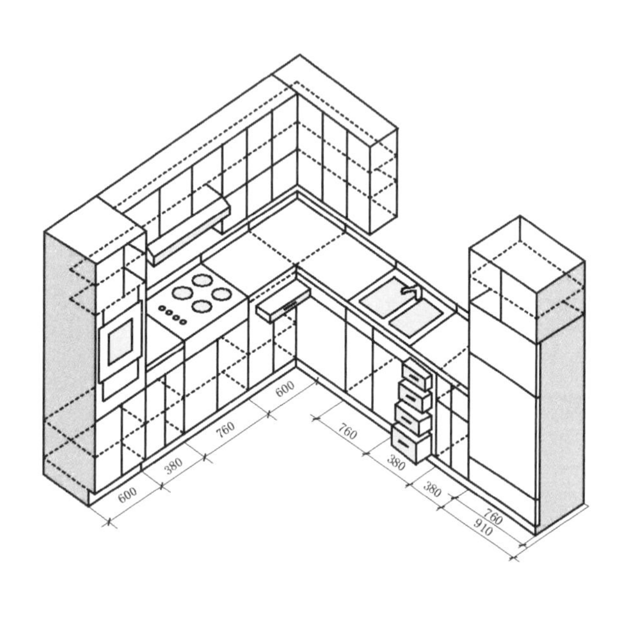

（g）整体厨房示例

（h）炉灶布置平面

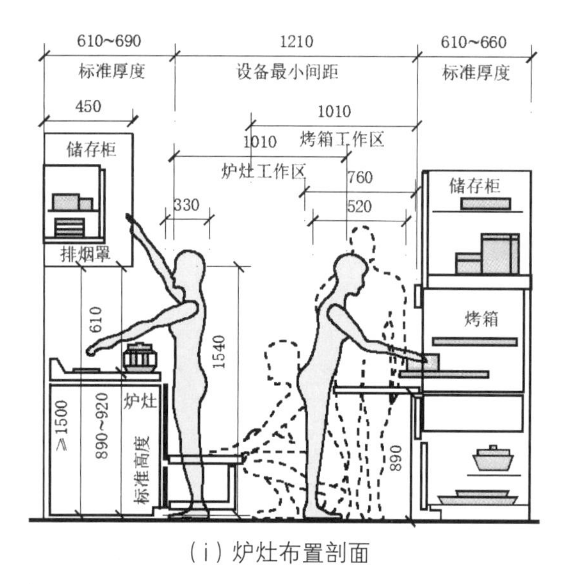

（i）炉灶布置剖面

（j）炉灶布置立面

图1-17　厨房家具布置尺寸图（单位：mm）

五、卫生间空间与尺度

卫生间的功能有如厕、沐浴、梳洗和美容等。居住空间中的卫生间分为专用和共用两种，专用卫生间只服务于主卧室或某个卧室，公用卫生间与公共走道相连，由其他家庭成员和客人共用。主要卫生器具包括脸盆、坐便器、浴缸与淋浴器。卫生间布置分为纵向、横向及独立型等。卫生间常用家具布置尺寸，如图1-18所示。

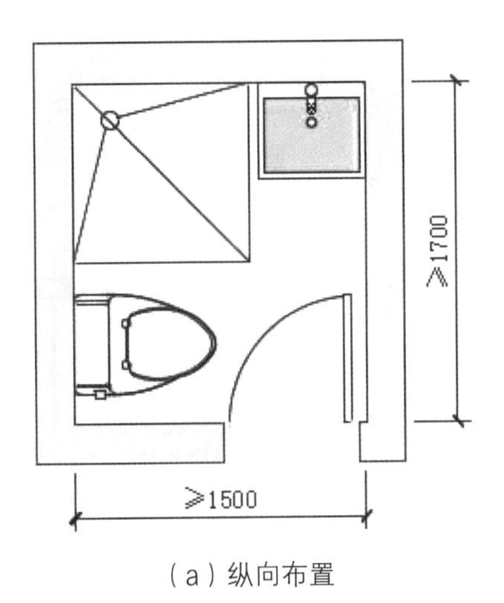

（a）纵向布置

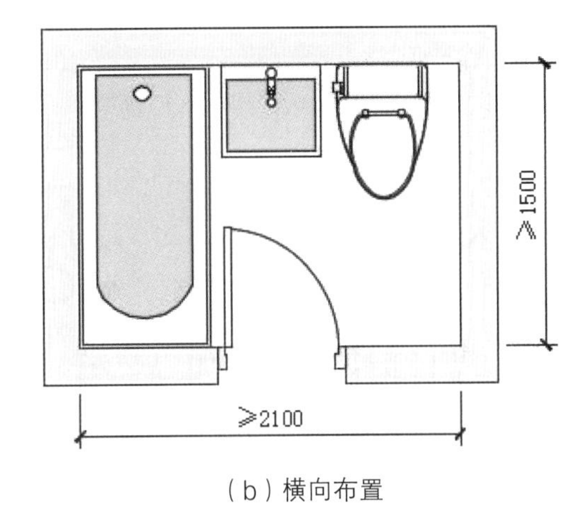

（b）横向布置

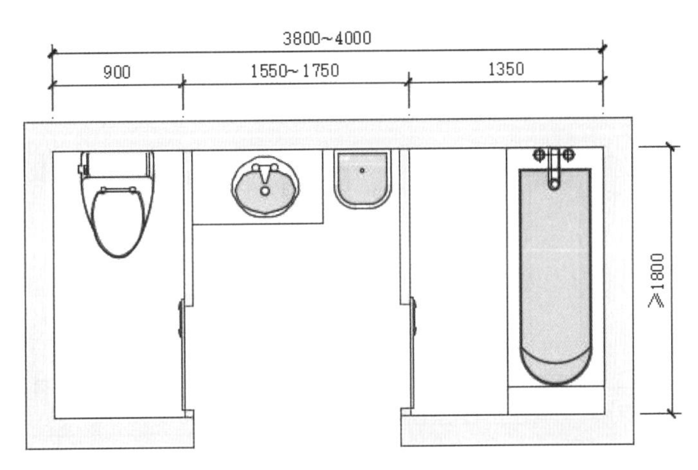

（c）独立型平面布置

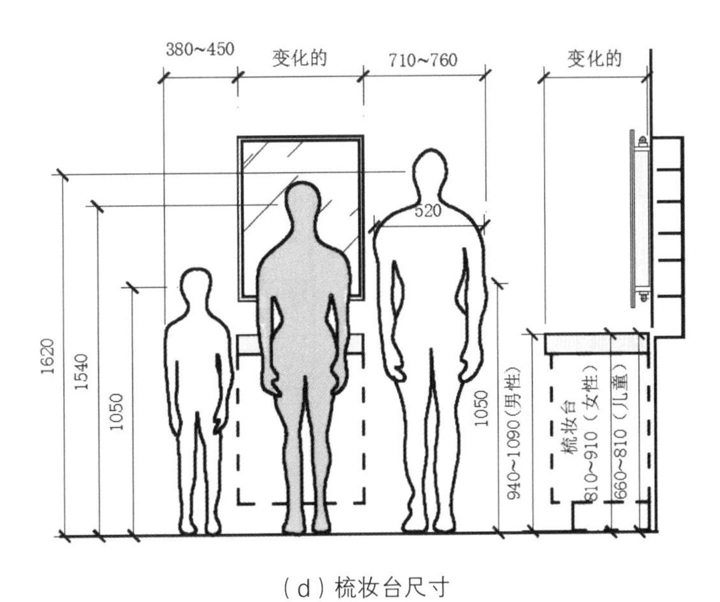

（d）梳妆台尺寸

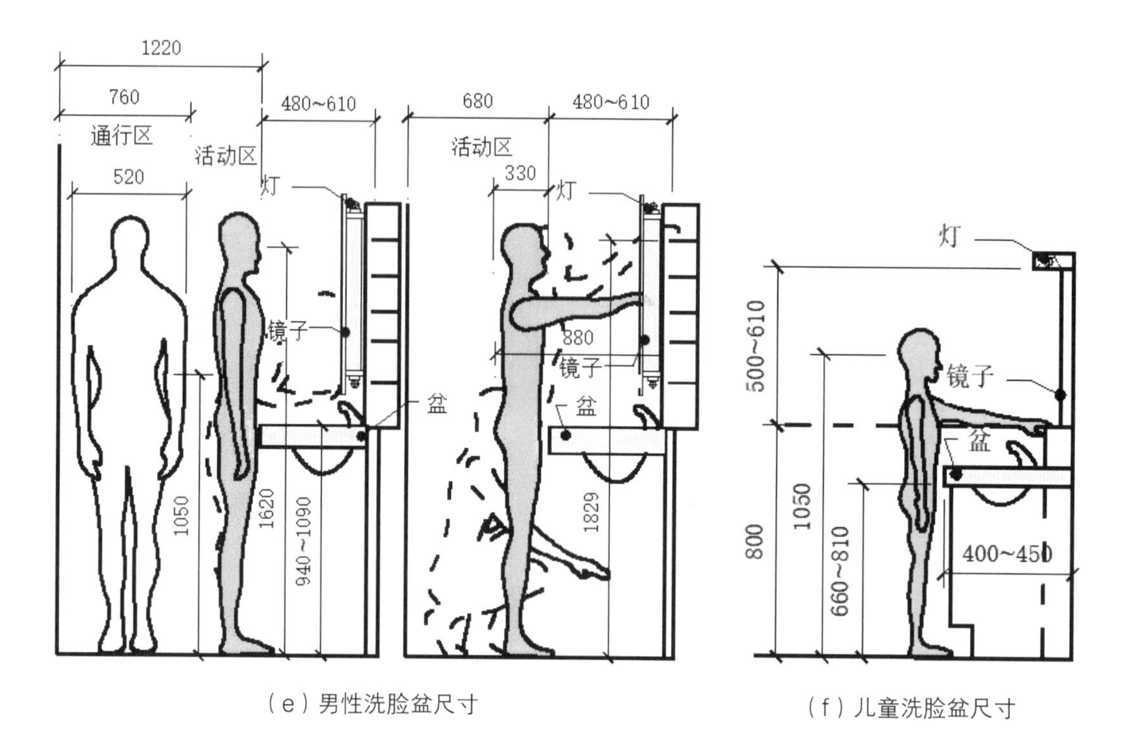

（e）男性洗脸盆尺寸

（f）儿童洗脸盆尺寸

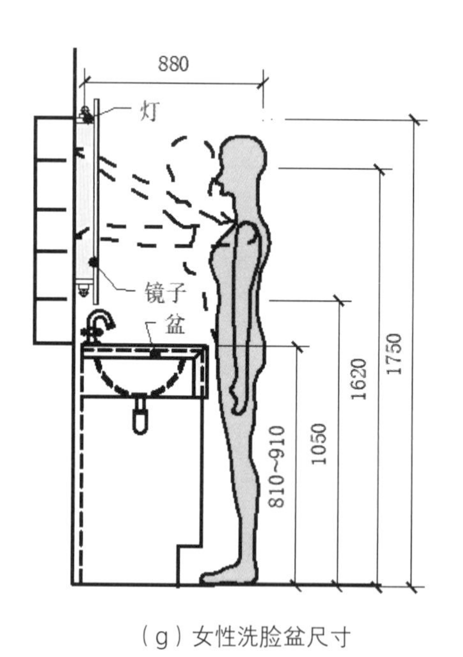

（g）女性洗脸盆尺寸

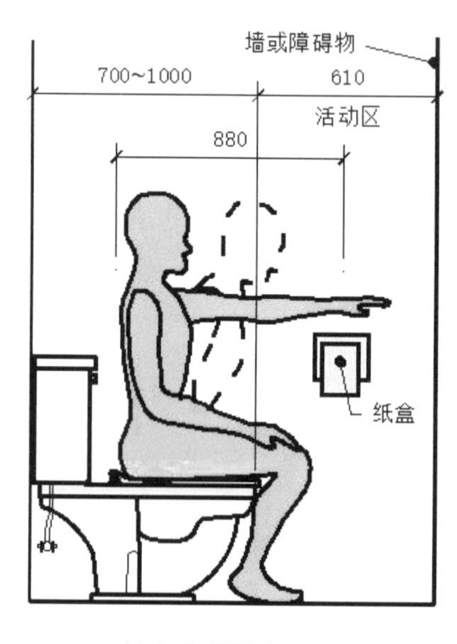

（h）坐便器立面

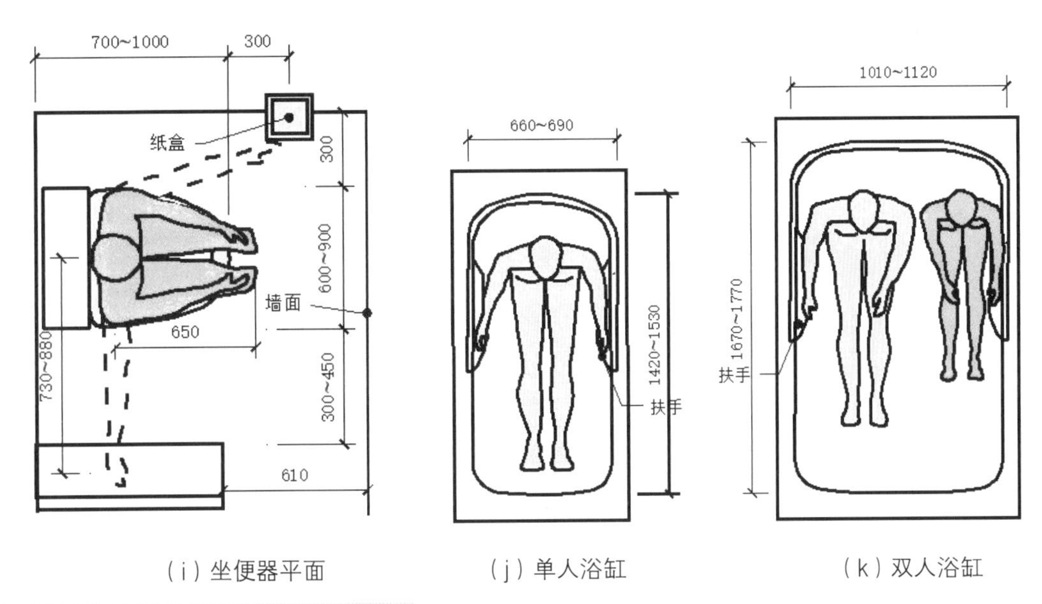

（i）坐便器平面　（j）单人浴缸　（k）双人浴缸

图1-18　卫生间家具布置尺寸图（单位：mm）

六、卧室空间与尺度

卧室是主人的私人生活空间，应该满足男女主人双方情感和心理的共同需求，顾及双方的个性特点。设计时应遵循以下两个原则。一是要满足休息和睡眠的需求，营造出安静、祥和的气氛。二是要设计出尺寸合理的空间。卧室按功能区域可划分为睡眠区、梳妆阅读区和衣物储存区三部分。睡眠区由床、床头柜、床头背景墙组成。卧室常用家具布置尺寸，如图1-19所示。

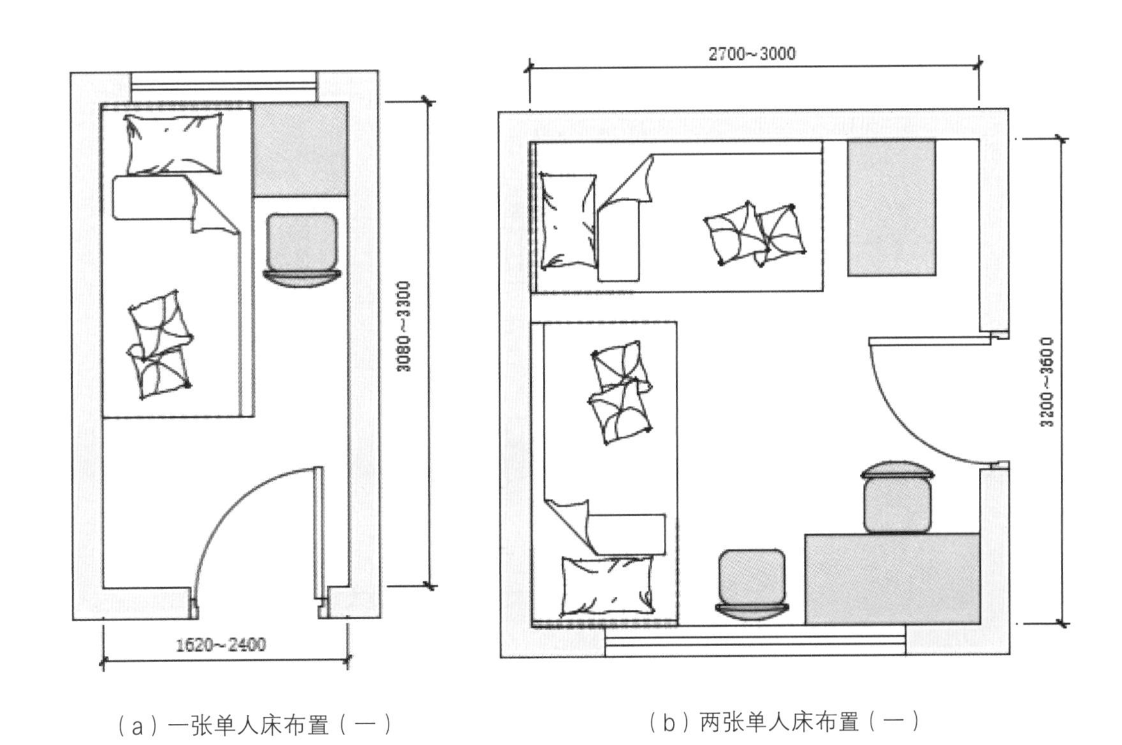

（a）一张单人床布置（一）　（b）两张单人床布置（一）

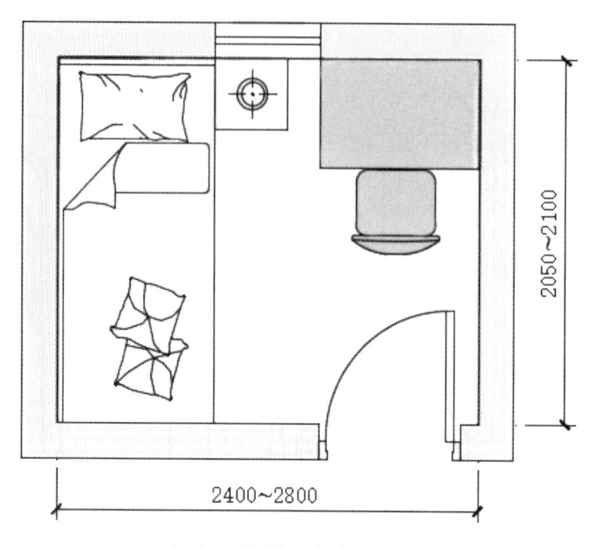

（c）一张单人床布置（二）

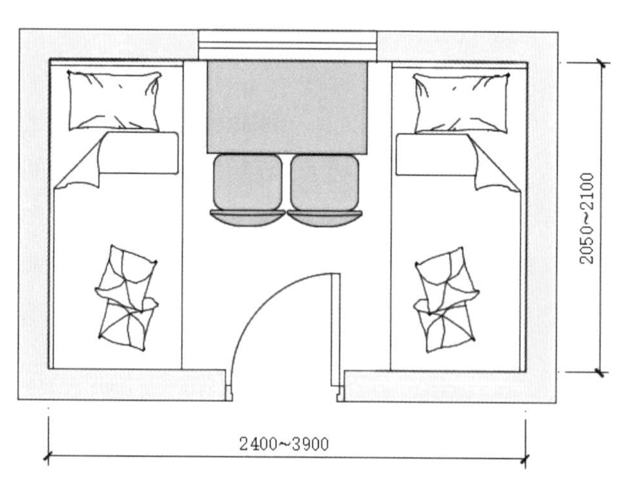

（d）两张单人床布置（二）

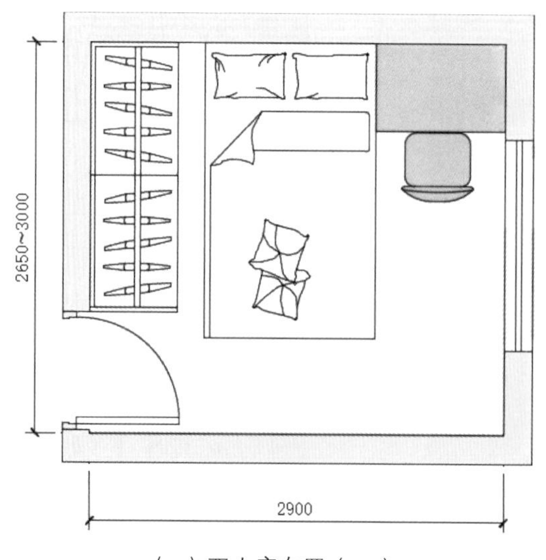

（e）双人床布置（一）

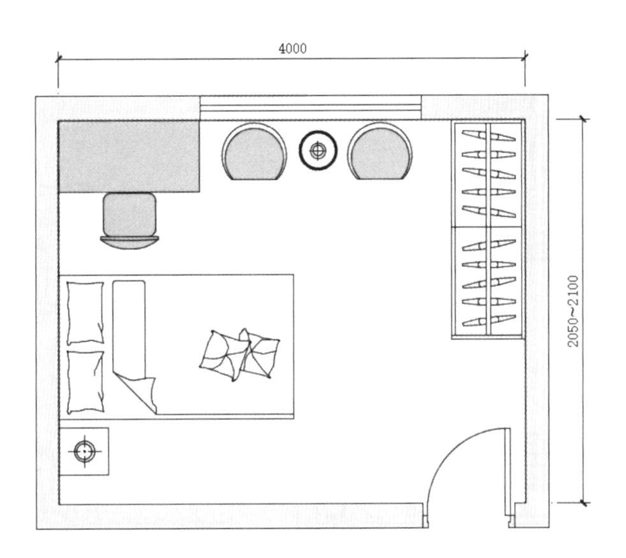

（f）双人床布置（二）

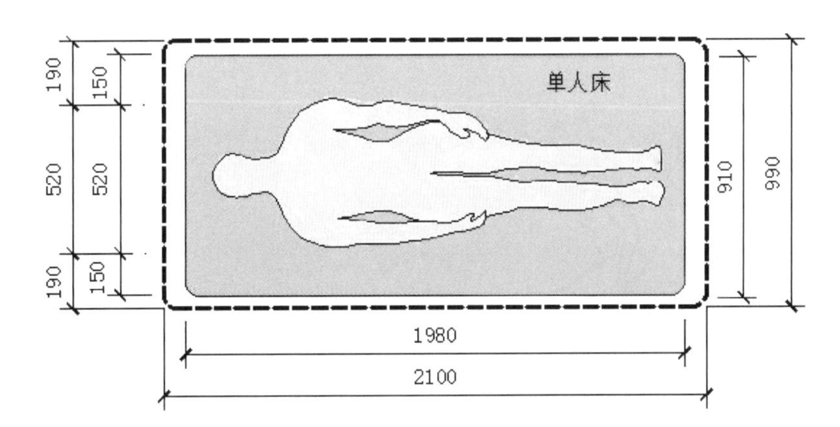

（g）单人床尺寸

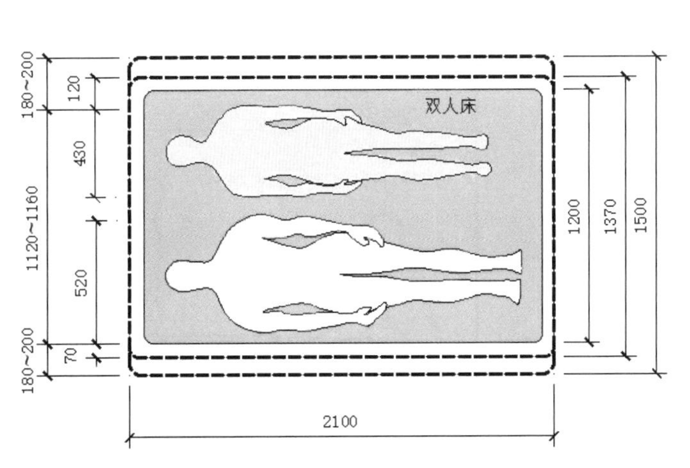

（h）双人床尺寸

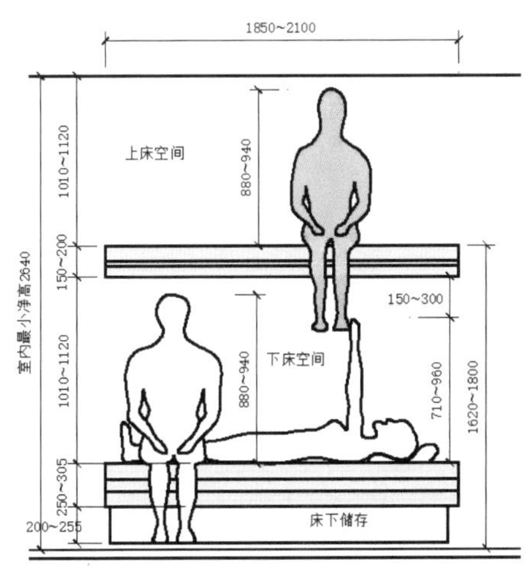

（i）成人用双人床正立面

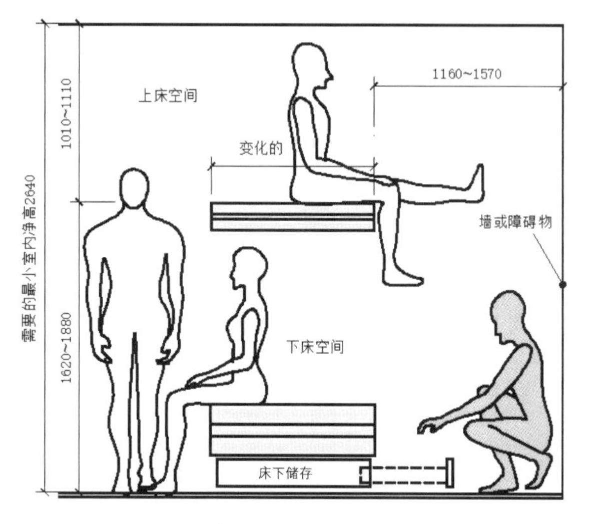

（j）成人用双人床侧立面

（k）儿童双人床

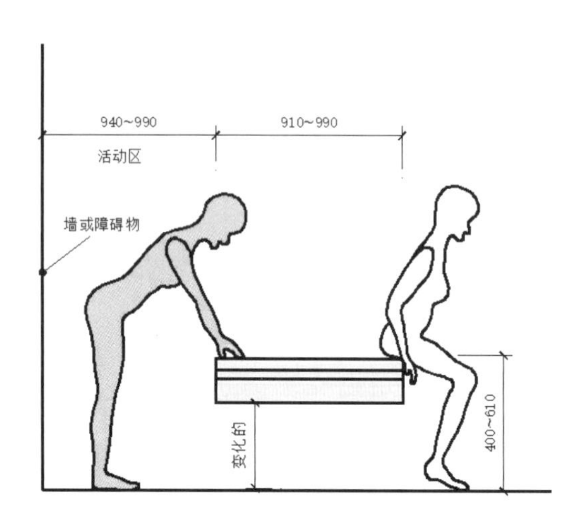

（l）单床与墙的间距

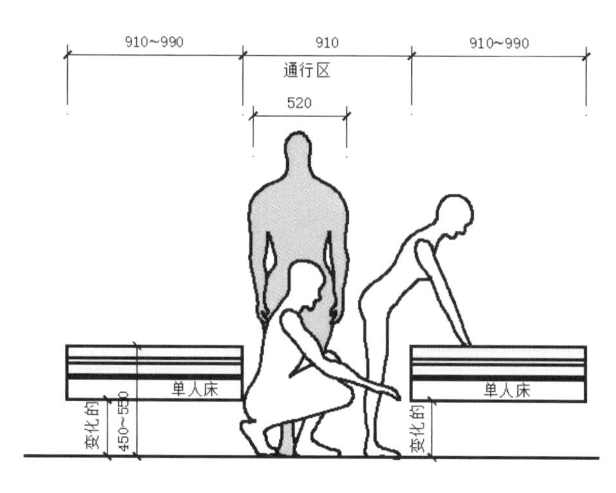

（m）双床间距

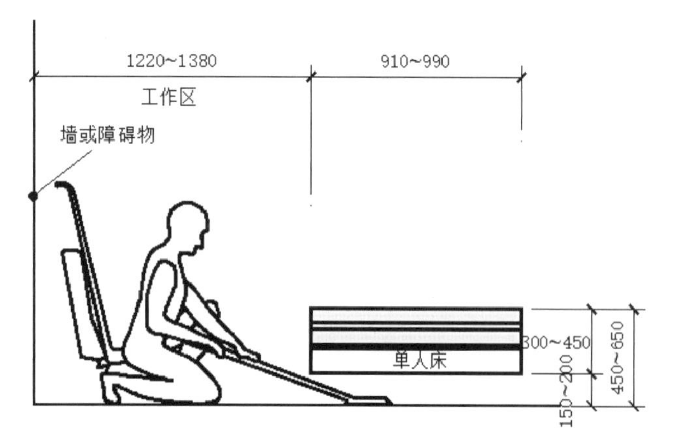

（n）打扫床下所需间距

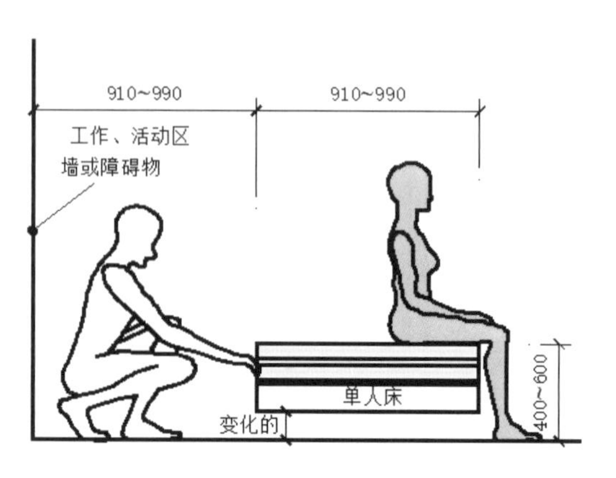

（o）跪着铺床间距

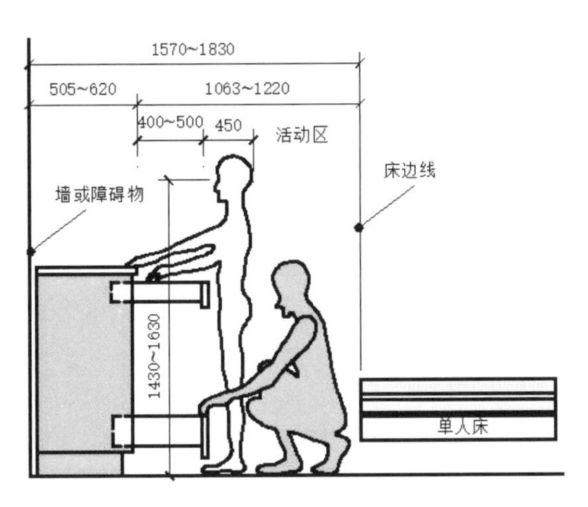

（p）小衣柜与床的间距

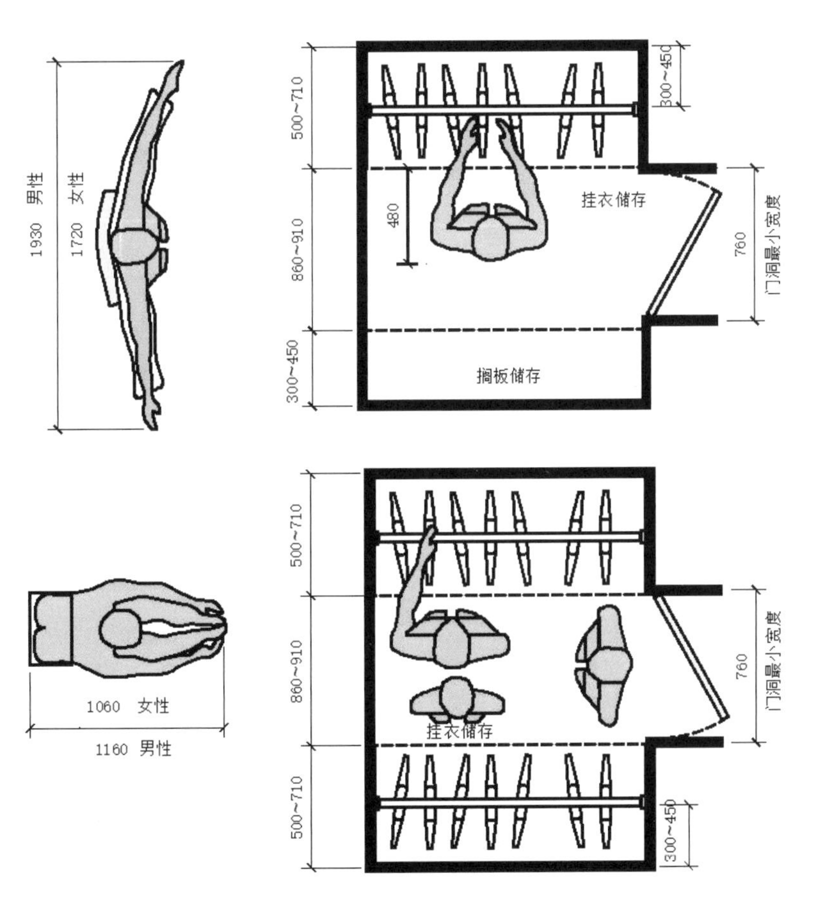

（q）空间布局及尺寸

图1-19 卧室家具布置尺寸图（单位：mm）

过程篇

项目二
居住空间方案设计

任务一　设计沟通

学习目标

通过学习居住空间设计实操案例，掌握居住空间设计的方法和步骤，了解居住空间设计在不同阶段的设计理念，掌握多种设计的表现形式，并将创意思维运用到居住空间的设计方案中。

一、项目来源

居住空间设计的项目来源一般有两种。一种是专业设计公司凭借良好的设计专业水准建立起市场效应进而开拓出客户市场。这种类型的项目来源往往注重市场的规模效应，业务范围通常可以涉及全国甚至海外市场。另一种是由小型设计公司或工作室控制的小众市场。一般项目规模较小，相对于前一种来源来说具有更多的灵活性。设计师在这个阶段要做的就是与客户确定工程项目名称、范围和设计条件等，并准备整理出项目文件夹，用于存放设计各阶段文件和资料。

二、项目沟通

首先，设计师要熟悉设计题目，明确设计任务和要求，如居住空间设计任务的使用性质、功能特点、设计规模、等级标准、总造价、进度计划及设计期限等。收集业主、房屋（户型）信息，并阅读设计规范、参考资料与素材。准备项目资料文件夹，以及学习工具和设备，与委托方（业主）沟通初步的设计意向，取得并熟读建筑图纸资料（包括建筑平面图、建筑结构图，已有的空调图、管道图、消防箱和喷淋分图、上下水图、强弱电总箱位置等）。首先，了解业主的初步意向及对空间、景观取向的修改期望，包括墙体的移动、卫生间位置的改变、建筑门窗的改变等，进行记录并在下一步现场勘测工作中检查是否可行；其次，与业主沟通交流设计方案，根据业主的反馈意见调整设计方案，如表2-1～表2-3所示；最后，与业主沟通确定方案的装修概算，装修预算模板详见《附录六：家居装饰预算书范本》。

表2-1　家装客户设计需求调查表

项目名称	客户所在小区居住空间名称
户型图	客户所在小区居住空间设计户型图
业主档案	户型：________；方位：________；面积：________； 朝向：________；楼层：________；结构类型：________； 人口：________；来客情况：________； □男主人：年龄：________；职业：________；收入：________； 个人性格：________；个人喜好：________； 生活习惯：________；色彩倾向：________； □女主人：年龄：________；职业：________；收入：________； 个人性格：________；个人喜好：________； 生活习惯：________；色彩倾向：________； 其他：
设计要求	业主要求： 功能要求： 预算范围要求： 风格要求： 特殊要求： 家具配置计划： 所喜爱的主材和设备的品类及色彩： 其他：
	通用要求： 1. 按照居住空间设计的基本理论，在满足功能的基础上，力求方案有个性、有思想。 2. 设计要符合业主的身份特点，有一定的文化品质和精神内涵。 3. 针对居住的需要，充分考虑空间的功能分区，组织合理的交通流线。 4. 充分利用现有条件，考虑业主的情况，结合自己对居住空间设计的理解，创造温馨、舒适的人居环境。 5. 设计要以人体工学的要求为基础，满足人的行为和心理尺度要求。
	设计深度要求：设计深度达到业主初步意愿及基本功能合理，和初级的施工图设计标准。
设计文件要求	1. 设计草图：功能合理，具有较高文化、艺术性，体现个性化，交指导教师逐个通过设计方案（包括一草、二草、正草三个阶段，成果文件只提交正草）。 2. 效果图：至少1张（表现卧室）。 3. 施工图：按指导书要求。 （1）间墙平面图（若有拆改情况，要分开绘制原间墙平面图、新建间墙平面图），1张； （2）平面布置图，1张； （3）顶棚布置图，1张； （4）主要立面图，至少8张； （5）必要的剖面图和详图。 （以上制图规范图标、图例、线型、图框、比例等，请参照《附录一：〈建筑装饰装修制图标准〉》。） 4. 设计说明：工程概况，设计思路和理念、风格等。 5. 主题配色和参考图片：主色、衬色、补色的色标；重点空间的预设效果彩图。

续表

项目名称	客户所在小区居住空间名称
设计文件要求	6. 量房成果（A3复印件）。 7. 图纸封面、目录表。
图面要求	图纸规格A3；图面美观，表达准确，图纸规范；封面封底美观；图纸顺序合理［封面，目录，效果图，施工说明，施工图（按平、立、剖，水电图排序），预算书，材料汇总清单，量房成果，封底］。
交图规定	提交正式图纸；时间：统一规定；形式：图纸打印后，装订成册；所有手绘稿装订成册；所有原始文件报盘。
其他	按指导书要求。

表2-2　家具需求调查表

家具名称	尺寸（长×宽×高）/mm	放置空间	材质描述	使用情况	希望改善
餐桌	150×90×72	餐厅	橡木	不够用	希望长度方向能伸缩，并可增加长度
衣柜					
书柜					
储物柜					
……					

表2-3　家装客户调查沟通表

项目接洽与业主沟通			
工作计划：			
任务内容	组员姓名	任务分工	指导教师
引导问题一：与客户沟通分为哪几个步骤？模拟场景进行顾客调查分析。			
引导问题二：与客户进行沟通需要注意哪几点？列举沟通时需要了解的内容。			

任务二　现场勘测

学习目标

居住空间设计现场勘测旨在精确测量和评估空间尺寸、结构状况、光照与通风条件，识别现有问题，确定客户需求，同时了解客户的生活习惯和审美偏好，为制定合理、实用、个性化的设计方案提供翔实的基础数据。

核验现场是进行居住空间设计的先决条件，也就是我们通常说的“量房”。设计师构思创作建立在对建筑现有条件的了解和对隐蔽工程的合理处理基础上，所实施的所有装饰，必须充分考虑各种管线梁柱的因素，选用合理的尺寸、材料、工艺进行包覆及装饰，避免纸上谈兵的无谓劳动。

接到设计任务后，设计师应该尽快熟悉现场条件，有时一个家装项目，尤其是二手房，业主往往没有提供建筑图纸，需要设计师亲临现场勘测，并对现场状况做好详细的记录。核验现场是整个设计过程中最重要的一环，不可粗心大意，这也是避免反复改图及控制设计成本最有效的保证。

一、测量内容

量房是家居装修的必要步骤，因为设计师在开始设计时，需要居住空间的相关尺寸，才能精确地设计出客户需要的功能空间，而不会出现设计的平面、立面图与现场尺寸不符问题，因此进行现场尺寸测量是设计师开展设计前必要的步骤。量房时应做到准确、精细、严谨，切忌“差不多”心态，测量要求精确到1mm。

二、勘测准备

勘测，是指对施工现场进行勘探和测量，是设计和制图相关尺寸核准的凭证。现场勘测人员需要事先准备好相关工具，具体如下：

（1）图板或支撑图纸的活动支架，如图2-1所示。

（2）复印好1：100或1：50的建筑框架平面图2张，一张记录地面情况，一张记录天花情况，并尽可能带上设备图（如梁、管线、上下水图纸等）。如果没有原建筑平面图纸，则应带A3白纸，绘制草图。

（3）备带卷尺、皮拉尺、铅笔、红色笔、绿色笔、橡皮、涂改液、数码相机、电子尺等相关工具，如图2-2所示。

图2-1　图板

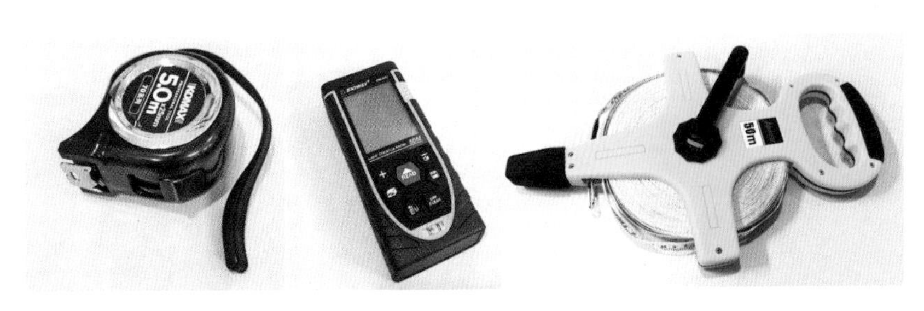

图2-2　卷尺、激光测距仪

现场勘测人员自身的准备包括以下几方面：

（1）穿行动方便的运动服装，穿硬底鞋（因工地可能会有许多突发的因素，避免受伤）。

（2）如果进入在建新房现场，应佩戴工地安全帽。

（3）其他要求（如工作证牌等）。

三、量房流程

1. 室内空间测量

在测量前先了解房屋地理位置、楼位图、主要朝向及最低层高、晴天自然采光、视野遮挡情况、外墙是否有保温层、入户门质量及外窗材质类型，然后具体测量套内多部位尺寸，包括门槛内侧距地高度等，户型毛坯房如图2-3所示。应尽可能做到认真仔细，不忽视每一处细小的尺寸。测量工作通常需要两个人共同进行，一个人测量，另一个人记录。

2. 室内结构测量

分别测量横梁离顶面的高度A、横梁的宽度B，如图2-4所示；下水管直径C，如图2-5所示，顶面横梁、管道需画虚线，用不同颜色的笔区分标记。

3. 卫生间、厨房、阳台测量

卫生间测量。首先判断卫生间的地面是否下沉，如果下沉，需先测量下沉尺寸，再测量相关尺寸，包括地漏位置、管道位置及高度等，如图2-6所示。

厨房测量。测量并标明烟道宽度D和燃气管道离外墙距离E，离顶面距离F、H，离墙边距离G，如图2-7所示。

阳台测量。除了长、宽、高的尺寸，还要测量并标注上下水管道和地漏的位置，并测量阳台隔墙的厚度J，如图2-8所示。

4. 设备测量

测量并标注每户居住空间的强电箱和弱电箱的位置，如图2-9所示。

图2-3 户型毛坯房

图2-4 测量横梁高度A、宽度B

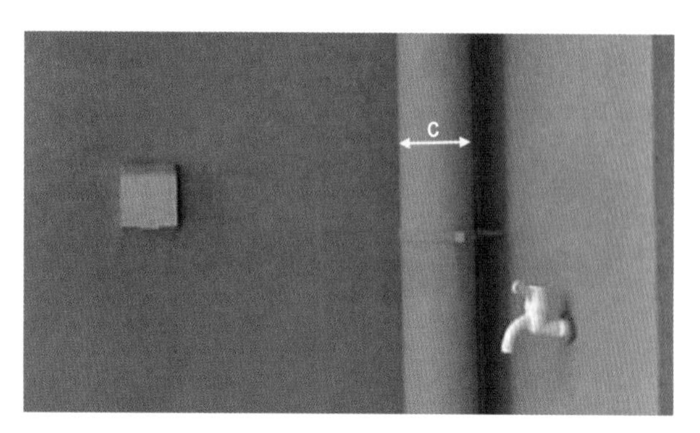

图2-5 下水管直径C

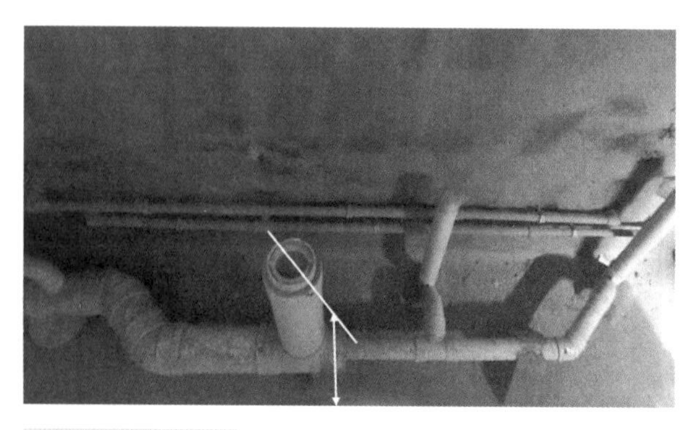

图2-6 PVC下水管

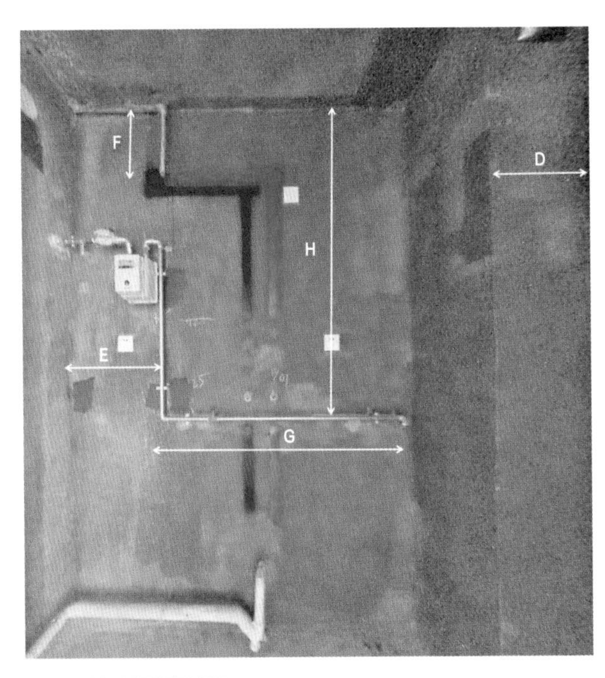

图2-7　测量厨房图

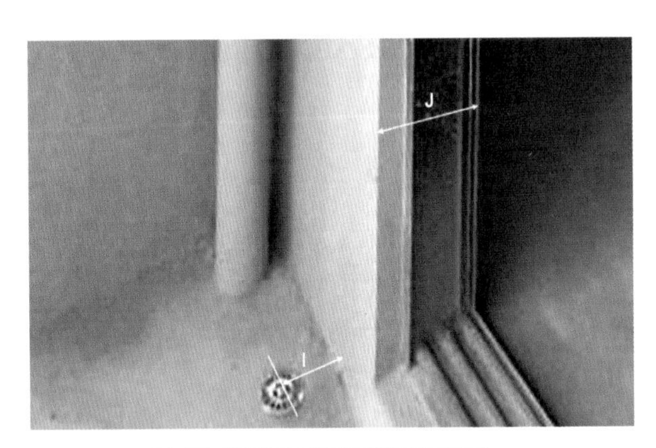

图2-8　阳台地漏与墙面距离I，隔墙厚度J

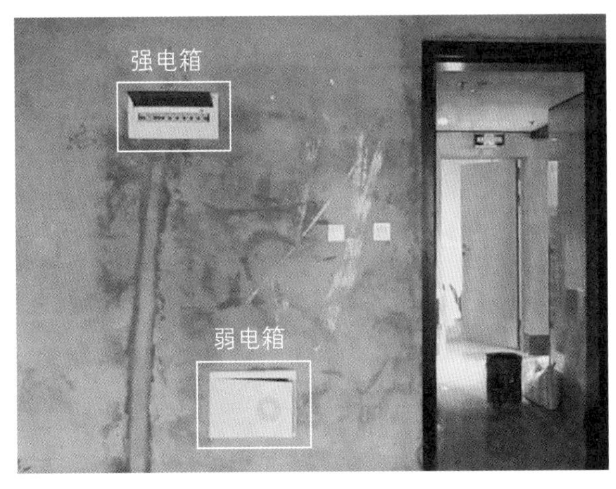

图2-9　强电箱、弱电箱

四、注意事项

（1）使用经纬仪、全站仪等仪器进行房屋定位时，放线应以柱中、墙中为准，而室内空间通常测量的是净空尺寸。

（2）详细测量现场的各个空间总长、总宽尺寸，墙、柱跨度的长、宽尺寸。记录现场尺寸与图纸的出入情况，记录现场墙壁的工程误差（如墙体不垂直、墙脚不成直角等）。

（3）标明混凝土墙、柱和非承重墙的位置尺寸。

（4）标注门窗的实际尺寸、高度、开合方式、边框结构及固定处理结构，幕墙结构的间距、框架形式、玻璃间隔，幕墙防火隔断的实际做法，记录采光、通风及户外景观的情况。

（5）测量净空高度，梁底高度，测量梁高、梁宽尺寸，测量梯台结构落差等（以水平线为基准来测）。

（6）地平面标高要记录现场情况并预计完成尺寸，地面找平完成的尺寸控制在50～80mm以下。

（7）记录雨水管、排水管、排污管、洗手间下沉池、管井、消防栓、收缩缝的位置及大小，尺寸以管中为准，要包覆的则以检修口外最大尺寸为准。

（8）结构复杂的地方测量要谨慎、精确，如水池要注意斜度、液面的控制，中庭要收集各层的实际标高、螺旋梯的弧度、碰接位和楼梯转折位置的实际情况、采光棚的标高、采光棚基座的结构标高等。

（9）复检建筑的位置、朝向、所处地段；周围的环境状况，包括噪声、空气质量、绿化状况、光照、水状况等。

（10）红色笔描画出结构有出入部分，标出管道、管井具体位置；绿色笔标注尺寸、符号、尺寸线；黑色笔进行文字记录，如标高等。

（11）现场度量尺寸要准确明晰，有些交叉部位无法在同一位置标示清楚，可在旁边加注大样草图，或用数码照片加以说明。

五、测量成果

（1）要求完整清晰地标注各部位的位置情况与尺寸大小。

（2）尺寸标注要符合制图标准，标注需整齐明晰，图例要符合规范（如梁高，h=1850mm或在立面附加标注相对标高）。

（3）需标有方向坐标指示，外景简约的文字说明，尤其是客厅景观、卧室景观和卫生间景观。

（4）天花要有梁、设备的准确尺寸、标高、位置。

（5）图纸须全部到场设计人员复核后签署，并请委托方随同工程部人员签署，证明测量图与现场无误。

（6）现场测量图应作为设计成果的重要组成部分，其复印件应附加在完成图纸档案中，以备核对翻查。

（7）现场测量图原稿则应始终保留在项目文件夹中，以备查验，不得遗失或损毁。

（8）工地原始结构的变更也应作上述测量图存档更新，并与原测量图对照使用。

（9）测量好的现场数据是事后设计扩初的重要依据，到场人员应以务实认真的态度完成上述工作，并对该图纸信息的真实确切性签名负责，如表2-4所示。

表2-4　　家装现场情况调查表

现场测量绘制			
工作计划：			
任务内容	组员姓名	任务分工	指导教师
引导问题一：完成测量登记表			
类型	位置	描述测量	备注
基础设施	配电箱		
	弱电箱		
	地热管道		
	暖气		
各空间需要注意的问题	门厅		
	客厅		
	厨房		
	餐厅		
	卧室		
	书房		

续表

现场测量绘制			
各空间需要注意的问题	卫生间		
	储藏间		
	走廊		
	阳台		
	衣帽间		
	露台		
	天台		
	阳光房		
其他空间			
其他描述			

引导问题二：不同空间的测量技巧

1. 注意事项有哪些？

2. 要注意哪些技巧？

任务三　方案设计

学习目标

家装方案设计是设计师对客户的住宅内外空间风格、色彩、材料、照明、界面、家具、绿化等元素进行初步构思成形后，在草图基础上深入、细化，形成较为完善的图纸，提供给客户进行沟通交流，能够突显设计的理念、特点等。此阶段应该明确设计的风格、空间分割、功能划分、审美意向、材料搭配、光照设计和预算控制，以创造既美观又实用、符合客户生活方式和偏好的居住环境，并形成一套较为完整的方案图。

家装方案设计是设计师对客户的住宅空间风格、色彩、材料、照明、界面、家具、绿化等元素进行初步草图构思成形后，进一步深入、细化，形成较为完善的图纸，能够突显设计的理念、特点等，提供给客户作进一步沟通交流。在此阶段应该明确设计的风格、空间分割、功能划分，并形成一套较为完整的方案图。

一套完整的方案图包含设计说明、目录、平面布置图、立面图、吊顶图、地面铺装图和效果图。下面就方案设计过程包含的重点内容进行介绍。

一、草图设计

草图设计是设计的初始阶段，是通过考量和构思绘出比较潦草的线条图，并在图上标注出相对精确的结构或构造尺寸。草图设计阶段是设计师把理性分析和感性审美意识转化为具体的设计内容，将个人对设计的理解用图纸的方式表现出来的过程。换言之，构思往往是与草图紧密联系的。草图构思是方案的初步设计阶段，构思的建立要反复勾画各种空间形象的草图，包括平面布置、立面分析及透视效果等，不仅如此，设计师还应根据现有的资料、信息，不断地对方案进行打磨、调整，逐步深化以形成方案，直到同业主达成一致意见，将方案初步确定下来。这个过程要注意各种要素的辩证关系，注重功能、技术和美学等方面的关系，无论从哪方面入手都是允许的，但始终要注意调整各方面的主从关系与互补关系，做到有机统一。具体任务：与业主达成共识，选择业主需要的设计风格，用具体案例进行讲解。细化设计认知点，在观看案例图片资料时对细节进行沟通交流，在沟通中对业主的喜好有更清晰的了解，用思维导图的方式，把杂乱的信息条理化，比如，设计主题分析、色彩分析、材质分析、空间意向等，形成创意展示板，如图2-10所示。

1. 设计主题分析——梦随水镜

和自然亲密互动，享受健康的阳光、空气和水。以温柔的抹茶绿为引，以夕阳余晖为续，将曲线的发光装置置于创作中营造一种微妙的艺术氛围。

2. 色彩分析

空间色调以暖白色为主色调，温暖的橙色与鹅黄色为搭配色，辅助以蓝色、绿色作为点缀色增加

（a）设计主题分析

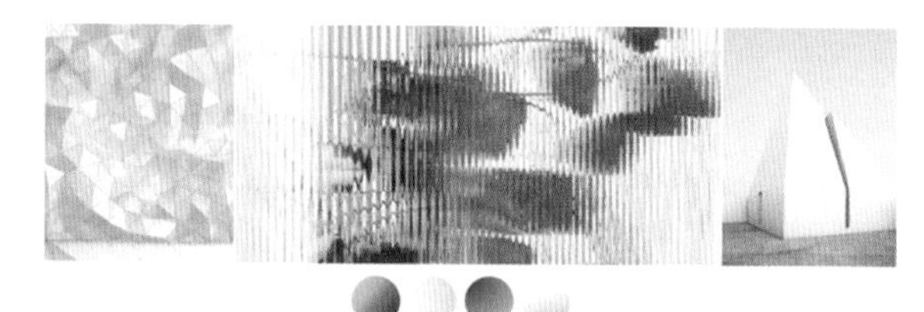
（b）色彩分析

（c）材质分析

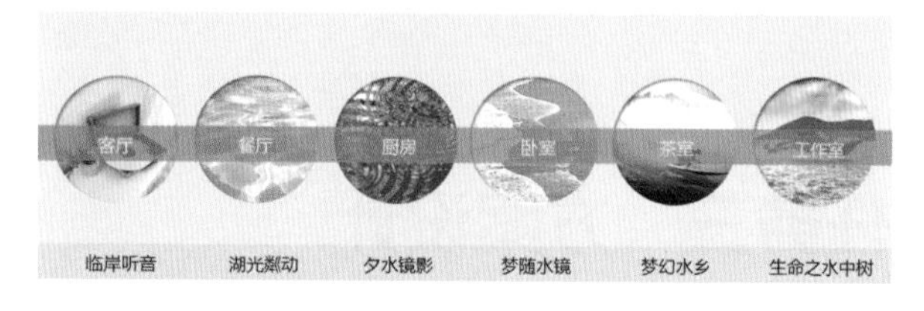

（d）空间意向1

（e）空间意向2

（f）空间意向3

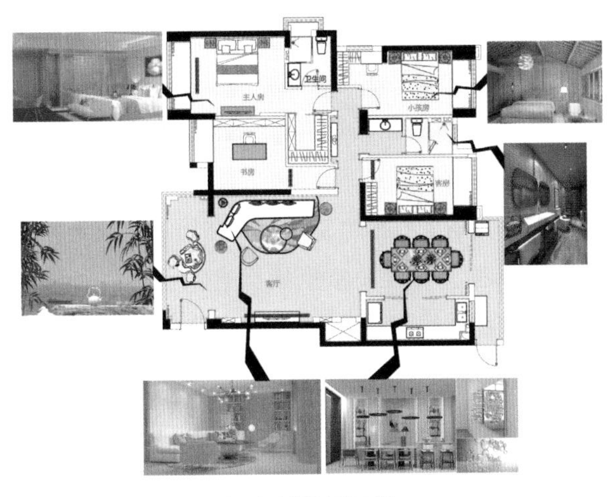

（g）创意展示板

图2-10 形成创意展示板

气氛烘托，将散乱的颜色重组，达到和谐共处的空间特质。

3. 材质分析

丝质布料、特色花艺相融合，表现居室空间的典雅高贵，并结合大理石材质，突显居室空间的稳重大方。

4. 空间意向

空间意向首先需要确定住宅具体包含的功能空间，如客厅、餐厅、厨房、卧室、卫生间、茶室、工作室等；其次，需要考虑居住空间平面布局，如客厅、餐厅等公共区域平面布局与卧室、卫生间等私密区域的平面布局设计；再次，要考虑空间的造型和装饰等，如餐厅墙面挂一幅水元素装饰画与水滴吊灯交相辉映，卧室运用绿色床单、花朵装饰画以及木材装饰墙面，营造绿色舒适的卧室氛围。

5. 创意展示板

在居住空间设计草图阶段，创意展示板主要是为了帮助设计师清晰传达设计思路，展示设计理念、创意灵感，促进与客户沟通，展示居住空间平面布置、空间设计意向照片、材料及色彩样本等，还可以激发设计灵感，及时记录反馈及设计过程，提升设计师的专业水平。

二、空间分区

有了明确的设计思路和理念，就可以从整体入手，考虑整个空间的功能分区。居住的室内环境，由于空间的结构划分已经确定，在界面处理、家具设置，装饰布置之前，除了厨房和卫浴室，由于有固定安装的管道和设施，它们的位置已经确定之外，其余房间的使用功能，或一个房间内功能的划分，应按其特征和使用便捷的要求进行布置，做到功能分区明确。集中归纳起来，即要做到公私分离、动静分离、洁污分离、干湿分离、食寝分离与居寝分离的原则，如图2-11所示。

起居室是人们日常的主要活动场所，平面布置应按会客、娱乐、学习等功能进行划分。功能区的划分应避免相互干扰，如客厅的空间中适合摆放多少组沙发，在什么位置摆放能最合理地利用空间，行走路线是否合理等问题都需要考虑在内，我们将这个过程称为平面功能分区。居住空间的平面功能分区主要根据人的行为特征来进行。人的行为特征落实到室内空间的使用，基本表现为“动”与“静”两种形态。具体到一个特定的空间，动与静的形态又转化为交通面积与有效的使用面积。可以说，居住空间设计的平面功能分区就是研究交通与有效使用之间的关系，它涉及位置、形体、距离、尺度等要素。平面功能分区草图所要考虑的问题，包括平面的功能分区、交通流线、家具位置、陈设装饰、设备安装等。各种因素作

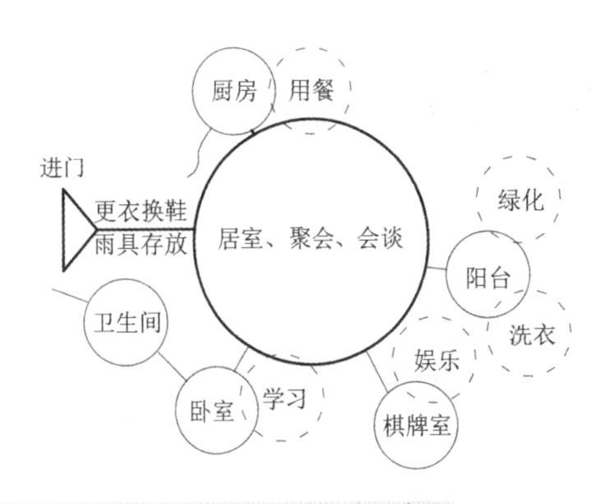

图2-11 居住空间基本功能关系示意图

用于同一个空间所产生的矛盾是多方面的。如何处理这些矛盾，使平面功能得到最佳配置，都要在平面布局上有所考虑，反复推敲出最合理的方案。天棚、地面、顶面都有了明确的设计方案后，再推敲局部的设计。根据居住空间的功能性质，通常可将其划分为三类：家庭成员公共活动空间，家庭成员个人活动的私密性空间，以及家庭成员的家务活动辅助空间。

1．公共活动空间

群体区域是以家庭公共需要为对象的综合活动场所，是一个与家人共享天伦之乐兼与亲友联谊的日常休闲的空间，它不仅能调剂身心、陶冶性情，还可以沟通情感、增进幸福。一方面它成为家庭生活聚集的中心，在精神上反映出和谐的家庭关系；另一方面它是家庭和外界交际的场所，象征着合作和友善。家庭的群体活动主要包括聚谈、视听、阅读、用餐、娱乐及儿童游戏等内容。这些活动规律、状态根据不同的家庭结构和家庭特征有极大的差异，主要使用包括门厅、起居室、餐厅、游戏室、家庭影院等属于群体活动性质的空间，如图2-12所示。

2．私密性空间

私密性空间是为家庭成员独自进行私密行为所设计提供的空间。它能充分满足家庭成员的个体需求，是人们享受私密权利的空间，私密空间是家庭居住空间的重要组成部分，其作用是使家庭成员之间能在亲密关系之外保持适度的距离，维护家庭成员必要的自由和尊严，解除精神层面的负担和心理压力，获得自由抒发的乐趣和自我表现的满足，避免无端的干扰，进而促进家庭的和谐。其特点是根据个体生理和心理的差异，根据个体的爱好和品味，根据个体的性别、年龄、性格、喜好等因素设计而成。完备的私密性空间具有休闲性、安全性和创造性特征，是能使家庭成员自我平衡、自我调整、自我袒露的不可缺少的空间区域。主要包括卧室、书房、卫浴室等处，是供人休息、睡眠、梳妆、淋浴等活动的空间，如图2-13所示。

3．家务活动辅助空间

家务活动包括多项琐碎任务和工作——清洁、烹饪、养殖等，人们必须为此付出大量的时间和精力。假如没有完备的家务活动场地和设施，业主必将忙乱终日，疲于应付，这不仅会给个人身心带来不良影响，同时会给家庭生活的舒适、美观、方便等带来损害。相反，如果能够为家务工作提供充分的设施以及操作空间，不仅可以提高工作效率，给工作者带来愉快的心情，还可以把业主从繁忙的事务中一定程度地解放出来，参加和享受其他有益活动。家务活动以准备膳食，洗涤餐具、衣物，清洁环境，修理设备为主，它所需要的设备包括厨房、操作台、清洁机具（洗衣机、吸尘器、洗碗机）以及用于储存的设备（如冰箱、冷柜、衣橱、碗柜等）。因而家务工作区域的设计应当首先对每一种活动都给予一个合理的位置；其次，应当根据设备尺寸及人体工学要求给予操作设备的空间合理的尺度；同时，尽可能地使用现代

图2-12　公共活动空间

图2-13　私密性空间

科技产品，使家务活动能在舒适的操作过程中成为一种享受，如图2-14所示。

图2-14 家务活动辅助空间

三、空间氛围营造

随着生活水平的提高，人们对居住环境越来越重视和关注，可以对空间整体氛围进行构思和营造。

1. 风格造型整体构思

构思、立意，可以说是居住空间设计的“灵魂”。居住空间设计整体构思，是指把家庭的室内环境，装饰成某种风格，即所谓“意在笔先”。先有一个总的设想，然后再着手地面、墙面、顶面装饰，买相应样式的家具、灯具、窗帘及床罩等室内织物和装饰小品。

当然，家庭和个人各有爱好，在有条件的情况下，住宅内部空间的局部或有视听设施的房间等处，在色彩、用材和装饰方面也可以有所变化。一些室内空间较为宽敞、面积较大的公寓、别墅则在风格造型的处理手法上，变化的可能性更多一些，选择空间也更大一些。

2. 色彩、材质协调和谐

色彩是室内环境中最让人敏感的视觉元素。因此，根据主体构思确定居住空间环境的主色调至关重要。近几年比较流行无色系的黑白灰为主的简约风格，黑白灰三者的属性既对立又有共性，被人为赋予特殊寓意。而用色彩装饰空间以不超过5种色彩搭配为宜。

居住空间各界面以及家具、陈设等材质的选用，应考虑人们近距离长时间的视觉感受，以及肌肤接触等特点，材质不应有尖角或过分粗糙，也不应采用触摸后有毒或释放有害气体的材料。家具的造型款式、家具的色彩和材质都与室内环境的使用和艺术性息息相关。例如，小面积住宅中选用清水亚光的原木家具，辅以棉麻类面料，使人们感到亲切淡雅。色彩的选择，与居住空间设计风格的定位相关，例如室内为中式传统风格，通常可用红木、榉木或仿红木类家具，色彩为酱黑、棕色或麻黄色（黄花梨木），壁面常为白色粉墙，室内环境即家具与墙面的明度高对比布局。居住空间装饰材料应选用无污染、不散发有害物质的“绿色”装饰材料，应通过国家检测标准和国际质量检测标准。

3. 突出重点，利用空间

居住空间设计应从功能合理、使用方便、视觉享受以及经济节省等方面综合考虑，要突出装饰和经济的重点。近入口处的门斗、门厅或走道尽管面积不大，但常给人们留下深刻的第一印象，宜适当从视角和选材方面予以细致设计。起居室是家庭团聚、会客等使用最为频繁、内外接触较多的空间，也是家庭活动的中心，室内地面、墙面、顶面各界面的色彩和选材，均应重点推敲进行设计，如图2-15所示。

图2-15 一楼会客厅

四、各功能空间设计

居住空间设计的空间组织不再是以房间组合为主，空间的划分也不再局限于硬质墙体，而是更注重空间内会客、餐饮、学习、休闲等功能之间的关系。居住空间的主要功能可分为玄关、客厅、餐厅和厨房、卫生间、卧室、书房、储藏室、阳台和通道等。

1. 玄关

玄关是指居室大门至厅堂的一段空间，即房屋入口的区域，它是客厅与出入口之间的缓冲区，兼具实用和审美两个特点。玄关给人进入居住空间环境的第一印象，它反映了居室的风格与业主的品位。玄关需要考虑客人和家人进屋换鞋、放置雨伞或其他物品等。玄关的设计有三个目的：

（1）保持居室其他空间的私密性，将入口空间过渡到其他空间；

（2）美化装饰环境和为整体空间的呈现做铺垫；

（3）方便家庭成员和客人使用，在设计上要与客厅分清主次，风格上要与客厅一致（图2-16）。

玄关设计具体需注意以下几点：

空间划分强调玄关的空间过渡性。根据整个居住空间的面积，玄关的面积可大可小，并可以在玄关和客厅之间打造隔断，这样在客人来访时，或者路过家门口的人，不能直接看到客厅和其他空间，保证了其他居住空间的私密性，增加整体居住空间环境的层次感。玄关处的家具摆放既不能影响人们的出入，又要发挥家具的实用和美化功能。通常选择低矮柜和沙发凳，矮柜可以放鞋、放伞和放杂物等，柜子上或中间空隔层放钥匙、背包等物品，沙发凳主要是供换鞋、短暂停留休息使用。

图2-16 玄关功能设计图

2. 客厅

客厅是家庭居住环境中最大的生活空间，也是家庭的活动中心。随着时代的发展，人们娱乐的方式越来越多，相比过去，现在看电视的人越来越少了。如今的客厅设计，设计师会根据家庭的特点加入不同的设计元素，使客厅面积得到充分利用的同时，赋予空间更多的家庭特色，比如有孩子的家庭、在家办公的SOHO族、有阅读习惯的人……客厅是家的核心，家人在其中更应加强彼此之间的情感交流，因此，客厅的设计需要打破常规，电视背景墙、沙发围坐的传统模式，已经不是家庭的必备样式。根据业主的行为特点，设计更有特色的客厅空间，也能让设计更出彩。客厅一般可分为会客区、阅读区、游戏区、学习区和运动区等，如图2-17所示。

客厅设计需注意以下几点：

（1）根据家庭的不同需求，体现家庭的风格、品味。

（2）确保空间布局合理，过道畅通，不被阻挡。

（3）巧用家具做客厅隔断，如沙发、高矮柜、书架等。

（4）收纳空间充分及多样化考虑。

（5）体现智能化家居。

3. 餐厅和厨房

餐厅是享受美食的区域，餐厅的装修设计应注重实用与美感，设计合理的餐厅既能营造一个舒适的就餐环境，还能使居室增色不少。餐厅平面布局要与厨房的动线相结合，如图2-18所示，餐厅设

图2-17　客厅设计

图2-18　餐厅设计

计方案需注意以下几点：

（1）使用起来便捷，靠近厨房，便于上菜。

（2）餐桌的选用，尺寸大小可具体根据空间距离与需求而定。

（3）大容量餐边柜除了存放餐具等，还兼具其他功能，如婴儿辅食制作、手工展示、文件存放等。

（4）冰箱放置方位需注意便于食品存取。

厨房是居住空间利用率最高的空间，主要是为满足家庭备餐的需求。厨房的设计在空间处理上有密闭式和开放式两种，密闭式厨房能减少对其他空间的空气污染，在厨房使用率较少的情况下可以考虑采用开放式厨房的设计，这样有利于厨房与餐厅的连接，方便人们之间的交流，将厨房内部空间与餐厅完全融合创造丰富的空间设计。厨房工作主要包含“洗、切、炒”三部分，其中重要的五项功能是：储藏、清洗、切割、烹饪及就餐，如图2-19所示。

厨房功能细节，如表2-5所示。

厨房的平面布局主要有一字型、二字型、L型、U型与岛型五种。

一字型厨房布局大多是因为空间过于狭小，不得已而为之。进行流程设计，不利于多人协同操作，如图2-20、图2-21所示。

二字型厨房布局可以节约空间，但行走对操作有所干扰，如图2-22、图2-23所示。

L型厨房布局对厨房面积的要求不是很高，因此比较常见。一般情况下，把灶台和油烟机摆放在L型较长的一面，但具体位置还需综合考虑开窗、房间结构等。如果空间允许，可以在L型较短的一面摆放冰箱或地柜，如图2-24、图2-25所示。

表2-5　　厨房功能细节

厨房分区	烹饪区（炒）	清洗区（洗）	操作区（切）	储藏区（拿）
功能	调料存储；厨具储藏区；餐具储藏区	净水器、残渣处理器等；热水器；垃圾桶；收纳	切菜、备菜、和面、整理等工作；用具储藏区	食品储藏区；干货储藏；冰箱

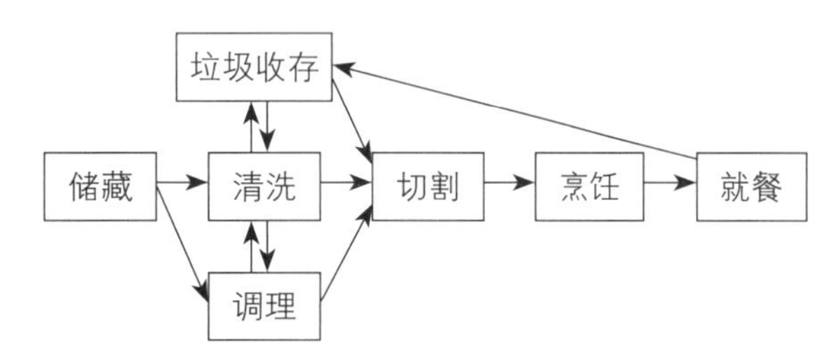

图2-19　厨房操作流程

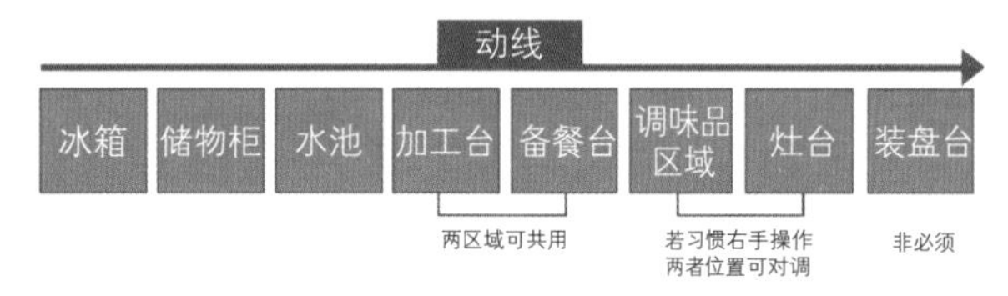

图2-20　一字型厨房操作流程

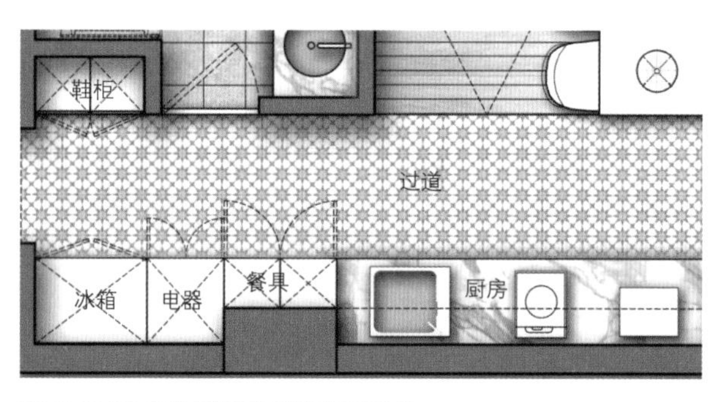

图2-21　一字型厨房平面布置图

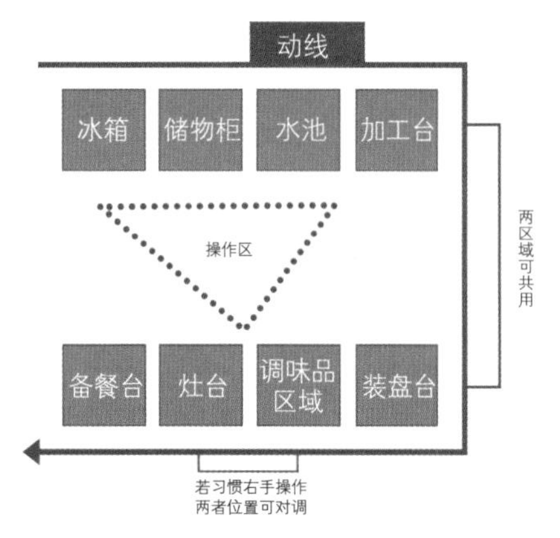

图2-22　二字型厨房操作流程

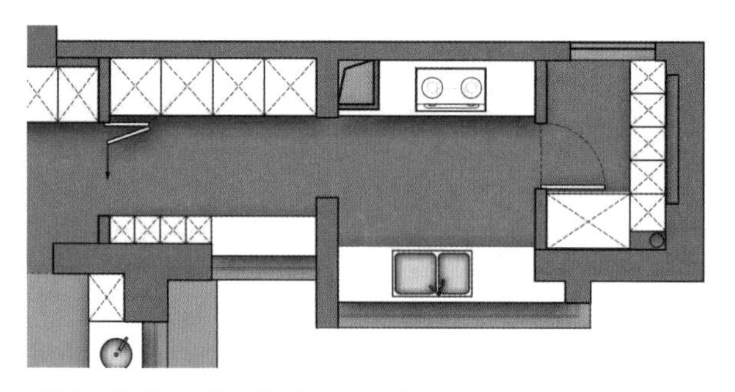

图2-23　二字型厨房平面布置图

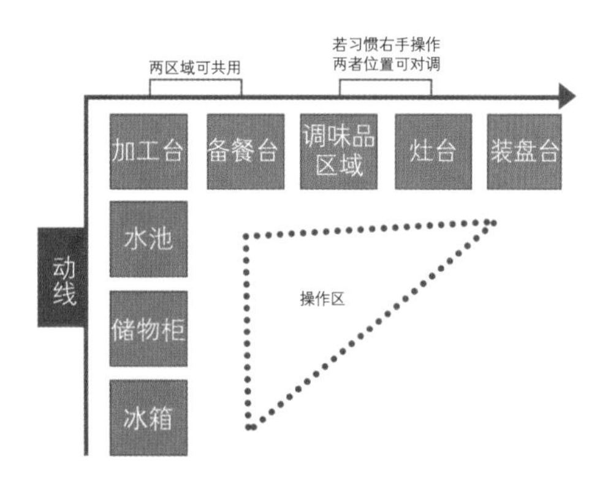

图2-24　L型厨房操作流程

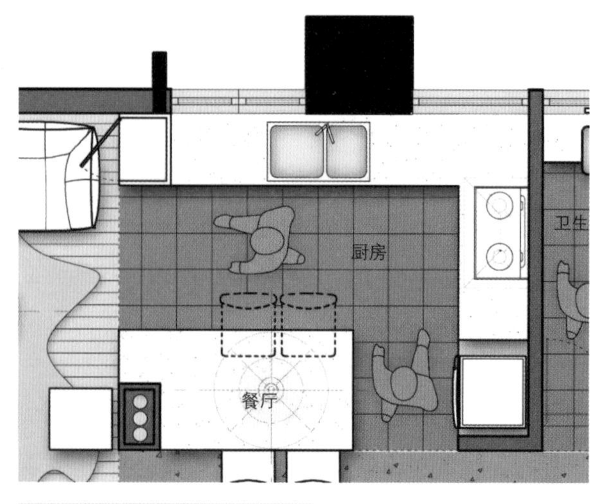

图2-25　L型厨房平面布置图

U型厨房的布局适合于宽2.2m以上的接近正方形的厨房，这种布局方式空间紧凑，一人操作比较省力、省时，也适合两人协同工作，如图2-26、图2-27所示。

岛型厨房布局最适合家庭成员在厨房协同工作和交流，但要求空间足够宽敞。可以把岛台作为操作台，也可以作为就餐区，全家人可以围坐在岛前就餐，增加家庭成员之间的交流沟通，家庭气氛更加融洽，如图2-28、图2-29所示。

厨房设计需注意以下几处：

储藏部分：厨房储藏部分应根据使用频率、卫生、安全、实用的原则进行分类布置。存放常用调料盒、杯子、玻璃器皿和餐盘的壁柜应与水槽紧邻，去污粉、洗涤剂或其他化学清洗剂和内藏式垃圾桶的最佳摆放位置在水槽下的地柜。

清洗部分：水槽的设计应根据配菜和洗涤器皿的不同需要而区别设计，洗碗机一般独立放置在水槽或炉灶一侧，最常见的水槽与地柜的组合是，

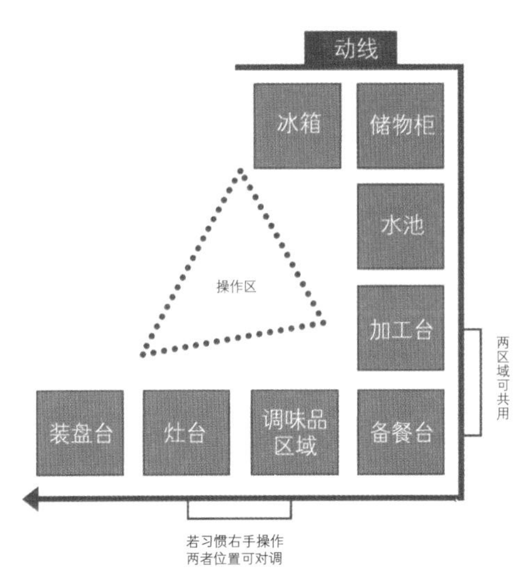

图2-26 U型厨房操作流程

图2-27 U型厨房平面布置图

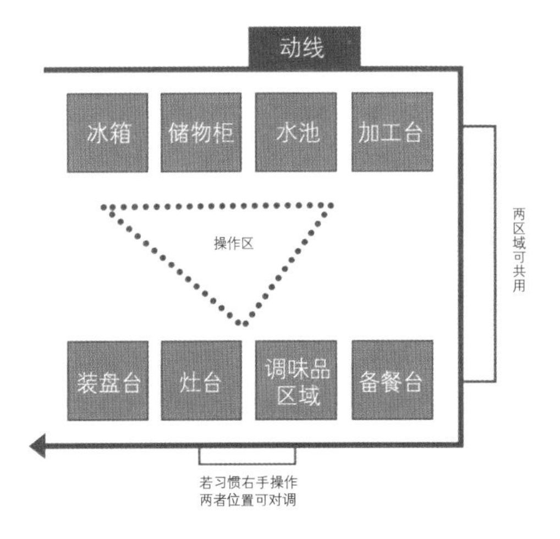

图2-28 岛型厨房操作流程

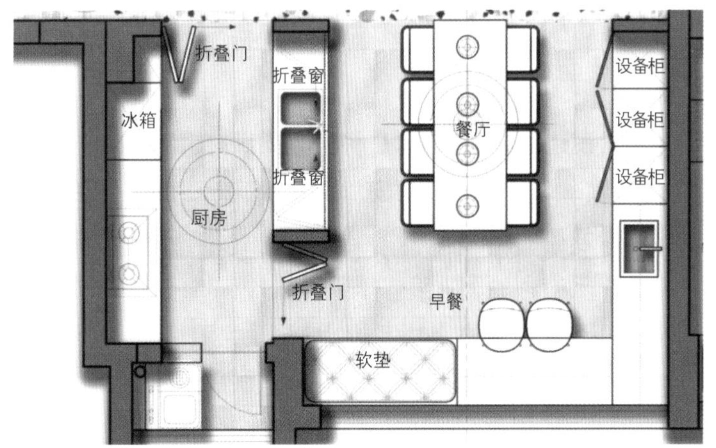

图2-29 岛型厨房平面布置图

两个水槽分别是宽340mm和293mm，安装在宽800mm的工作台面上。

调理部分：水槽和灶具之间是厨房的中心点，需要保持在800～1000mm的距离。鱼、肉、蔬菜等都在这里准备好，所需的炊具和调料要放在触手可及的地方。

烹饪部分：炉灶周围工作台面的每一边都要能经受至少200℃高温，炉灶两旁的工作台面宽度应不小于400mm，汤煲、电饭煲也应考虑合理布置在工作台面上，电烤箱和微波炉要与炉灶有一定的距离，常采用嵌入式家电设计。

厨房的地面要低于餐厅地面，做好防水防潮处理，宜采用防滑、易于清洗的陶瓷块材地面；顶面、墙面宜选用防火、抗热、易于清洗的材料，如釉面瓷砖墙面、铝板吊顶等。

照明部分：工作台面区的采光来自厨房顶灯和吊柜下前端安装的照明灯，照度适宜的灯安装在适当位置比采用高瓦数的灯更重要。工作台面和吊柜底端宜保持500mm的距离，吊柜安置位置要尽可能地远离炉灶，不受油烟、水蒸气直接熏染。灯光在工作台面上不反光，避免眼睛被灯光直射。

避免餐具暴露在外和夹缝过多。如果厨房里又多又杂的锅碗瓢盆、瓶瓶罐罐等物品露在外面，油污沾上就较难清洗，或者夹缝过多容易藏污纳垢。例如，天花板和吊柜之间就应尽力避免夹缝。

厨房设计的最基本概念是“三角形工作空间”，即洗菜池、冰箱及灶台都要安放在适当位置，相隔的距离最好不超过一米。

面积足够大的厨房可以采用开放式和封闭式两种布局结合的方式，封闭式厨房注重实用性和灶具厨具的经久耐用，面积比较小，能够满足炒、煎、炸、炖的需求。而开放式厨房更注重展示效果，增加娱乐、交流、休息等多种功能，面积比较大。

4. 卫生间

卫生间的设计与整体面积有很大的关系，如果卫生间的面积有限，考虑的东西就比较多。要确定业主的需求，什么是必要的。什么是不必要的。如果卫生间面积比较小，但还想要浴缸是不太建议的。

卫生间要满足如厕、洗漱、干湿分区和舒适的使用需求，洗衣晾晒需求、老人使用的需求、化妆及美容使用的需求和各类物品收纳整理的需求。

关于卫生间的动线安排：淋浴、洗漱、如厕是一个浴室空间必须有的功能，这三者缺一不可。从使用频率来说，洗漱区＞马桶区＞淋浴区，洗漱台的使用频率是最高的，应该放在动线的最外面；马桶的使用率中等，放在中间；淋浴的使用率最低，放在最里面。

除了基本的干湿分离，还有三分离、四分离。分离式卫生间源于日本，指的是多空间相互独立，而不是简单地用玻璃屏隔开，洗漱、如厕、淋浴三个空间不重叠，不同分区同时使用时互不干扰。并非所有户型都能实现三分离，要根据现场实际情况，更要权衡整个户型及整体布局，有时分离设计虽然优化了卫生间空间，但所需的走道空间也相应增加，那就要再权衡这种分离的必要性。卫生间布局方案，如图2-30所示。

5. 卧室

卧室是一个私密空间，是家居空间里最为基本的功能空间，为居住者提供睡眠、休息的环境，以补充每日的体力消耗。人们每天基本要花三分之一的时间在卧室，合理高效的卧室空间布局能够营造舒适轻松、温馨安全的卧室氛围，为居住者提供良好的休息体验。

起床，洗漱、如厕、梳妆、选衣、照镜子到最后出门，这是人们出行前准备的基本流程，在对此

图2-30　卫生间布局方案

图2-31　卧室

设计规划时候，要按照业主的生活习惯顺序进行安排，尽量简化精炼，剔除没有必要的行动路程，既能够高效地节约业主的时间成本，也能够让业主在动线中行动流畅，达到高质量的舒适体验感。有条件的业主要求其主卧有完整的功能空间，包括卫生间、洗浴空间、衣帽间等，如图2-31所示。

6. 收纳规划

收纳功能是家居生活非常重要的一部分，单独把这一块拿出来讲，是因为这是居家设计中最难做到美观与平衡的部分。如何提高空间的利用率是家居设计师必须关注的核心点。

收纳规划设计具体有以下几点：

（1）适可而止。柜子不是越多越好，要根据物品使用需求以及居住人口数量综合考虑，满足日常收纳容量需求。

（2）各司其职。根据业主的实际需求，充分利用动线设计，让物品拿取符合人们的使用习惯。

（3）因人而异。不同的个体由于生活方式、行为逻辑的不同必然对于收纳的要求也不同，要根据居住者的体验来设计布局。

（4）藏露得当。隐藏80%的物体，展现20%的美，收纳不是把所有物体都关在柜子里，而是有藏有露。

各个空间功能不同以及业主的生活方式、行为逻辑不同，必然收纳的要求也不同，设计师按照业主的生活习惯进行布局设计，以占用最小的空间，发挥最大的收纳价值来满足业主需求，如：①门厅需要收纳衣物、鞋、雨具、背包、钥匙等；②客厅需要收纳电线、各种遥控器、茶具、观赏鱼、书籍等；③储藏室需要收纳食品、餐具、刀具等；④卫生间需要收纳护理用品、淋浴用品、如厕用品等；⑤卧室需要收纳衣物、床上用品、化妆品、书籍、小孩玩具、贵重物品等；⑥生活阳台需要收纳洗衣用品、清洁卫生用品等，如图2-32所示。

图2-32　收纳空间设置图

五、确定方案

通过前面设计整理各空间布局，此阶段需要总体协调并绘制总体平面。在细化平面布局方案时，需要注意平面布局的主次关系，即在居室装饰中，要有一个视觉中心，突出需要表现的物体，这样才能产生主次分明的层次感。平面布局还需要做到空间布局匀称，避免出现一边很拥挤，另一边很空旷的情况。最后设计师运用绘图软件制作出平面布置彩图，使其有丰富的色彩、质感和表现力，如图2-33所示，完成表2-6确定设计方案任务表中的内容。

表2-6　确定方案调查表

<table>
<tr><th colspan="4">确定设计方案</th></tr>
<tr><td colspan="4">工作计划：</td></tr>
<tr><td>任务内容</td><td>组员姓名</td><td>任务分工</td><td>指导教师</td></tr>
<tr><td rowspan="4"></td><td></td><td></td><td rowspan="4"></td></tr>
<tr><td></td><td></td></tr>
<tr><td></td><td></td></tr>
<tr><td></td><td></td></tr>
<tr><td colspan="4">引导问题：一套完整的设计方案应该包含哪些内容？

实操练习：找一个房子当案例，设计一套完整的居住空间设计方案（并进行贴图示意）。</td></tr>
</table>

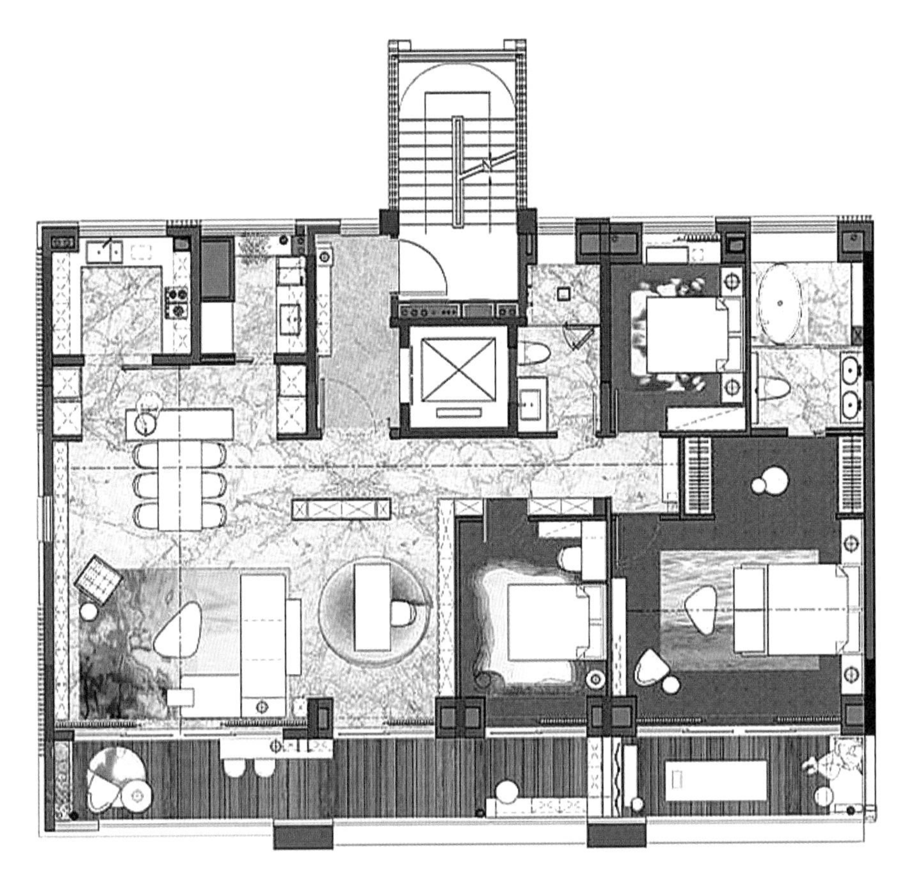

图2-33　平面方案图

任务四　设计表达

学习目标

居住空间设计表达是设计师需要掌握的将设计理念和方案通过多种媒介清晰、有效地传达给客户和施工团队的技能，包括熟练运用手绘草图、计算机辅助设计（CAD）图纸、3D建模与渲染图等，以及编写详细的设计说明和施工图纸，确保设计方案不仅在视觉上吸引人，而且在技术和实施层面准确无误。同时，设计师需要具备良好的沟通能力，以便能够专业地解释设计意图，回应反馈并调整方案，确保最终成果满足客户需求和期望。

一、施工图设计

方案设计阶段是指在设计准备阶段的基础上，进一步收集、分析、运用与设计任务有关的资料与信息，构思立意，进行初步方案设计，并对方案进行分析与比较。确定初步设计方案，提供设计文件。

室内设计方案通常包括：平面图（常用比例为1∶50，1∶100），室内立面展开图（常用比例为1∶20。1∶50），平顶图或仰视图（常用比例为1∶50、1∶100），室内透视图，室内装饰材料实样，设计意图说明和造价概算。

初步设计方案在经审定后，方可进行施工图设计，施工图设计阶段需要补充施工所必要的有关平面布置、室内立面和顶面布置等图纸，还需构造节点详图、细部大样图以及设备管线图，编制施工说明和造价预算。施工图设计主要是将已经批准的初步设计图，从满足施工要求的角度出发，予以具体化，为施工安装、编制施工图预算，安排材料、设备和非标准构配件的制作提供完整、详细的图纸依据。

1. 建筑施工图

一套完整的施工图，根据其专业内容或作用的不同，一般分为：

（1）图纸目录

首先列出新绘制的图纸，再列所选用的标准图纸或重复利用的图纸。

（2）设计说明

内容一般应包括：施工图的设计依据，本项目的设计规模和建筑面积，本项目的相对标高与总图绝对标高的对应关系，室内室外的用料说明，如砖标号、砂浆标号，墙身防潮层、地下室防水、屋面、勒脚、散水、台阶等室内外装修做法（可用文字说明或用表格说明，也可直接在图上引注或加注索引符号），采用新技术、新材料或有特殊要求的做法说明；门窗表（如门窗类型、数量，内容不多时，可在主体建筑平面图上列出）。以上各项内容，对于简单的工程，可分别在各专业图纸上写成文字说明。

（3）建筑施工图

包括总平面图、平面图、立面图、剖面图和构造详图。

（4）结构施工图

包括结构平面布置图和各构件的结构详图。

（5）设备施工图

包括给排水、采暖通风和电气施工图。

2. 家居施工图

家居施工图设计较方案设计更为详细，一般包括：平面图（含家具布置图、地面材料分布图）、吊顶图（含吊顶构造图、吊顶灯具分布图）、室内立面展开图（含立面剖视图、节点构造图）、施工说明、材料表、门窗表、造价预算表、装饰节点大样图以及需现场制作的家具和设施的详图等。下面，我们以某家居室内设计方案具体分析设计图纸。

（1）平面布置图

室内平面布置图主要用来标识墙柱及门窗位置、空间功能布局、家具布局及位置、空间处理形式以及地面铺装处理等。室内平面图同建筑平面图一样，是以门窗洞口之间的位置或以人眼睛高度的位置沿水平方向剖切，由上向下所看到的图面，即用正投影的方法在水平面上得到的正投影图形，具体如图2-34所示。

①平面图的表现

墙体、柱等结构轮廓应用粗实线表示，平面图中门窗的位置、宽度及门的开启方向也都应该标记出来，平面图中的家具等陈设也应用实线画出，楼梯的形式及步数均用细实线表示。

②平面图的标注

平面图的尺寸标注分外部尺寸和内部尺寸。外部尺寸一般在水平和垂直方向各标注三道：第一道是细部尺寸，如门窗及墙段的尺寸；第二道尺寸为轴线尺寸，是墙柱、房间开间、进深尺寸；最外一道为平面轮廓总尺寸，即总长或总宽。内部尺寸是平面图轮廓之内的尺寸，如墙柱厚度及空间分隔、家具外轮廓尺寸。同时平面图中应标注不同地面的标高、剖切位置及详图索引。为展示室内空间竖向情况，需要绘制剖面图，因此，剖切位置一般在平面图中标注。

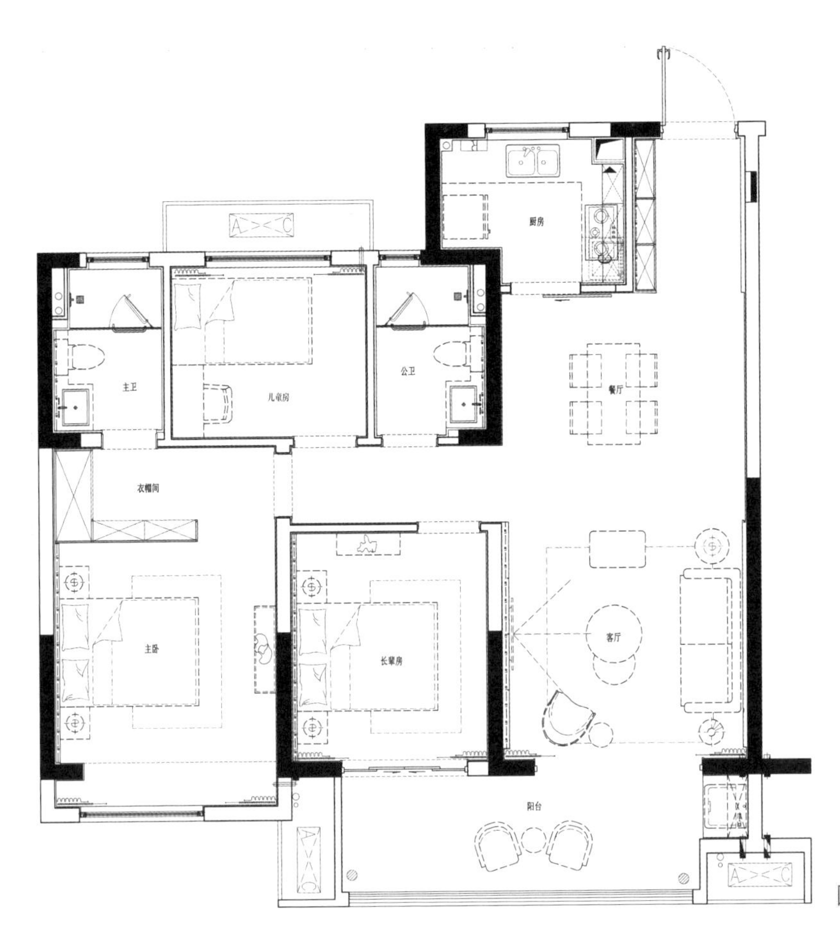

图2-34　平面布置图

③吊顶设计图

室内吊顶设计图主要是表现天棚的吊顶造型形式、照明灯位、空调所需的出/回风口及烟感喷头的位置。吊顶设计图通常也是以人眼睛高度的位置，从水平方向由下至上剖切所看到的图面。吊顶设计图的表现与标注同平面图的表现与标注基本一样，如图2-35所示。

（2）立面图、剖面图和节点大样图

室内空间的立面图是观者位于室内中间，面向室内各个朝向看到的墙面的正投影图面，需要标记出吊顶的高度、门窗的位置和形式、墙立面的造型形式以及家具的立面形式。在绘制立面图时，为了能如实地反映出墙面的造型情况，往往配合立面画出墙面的节点大样图，如图2-36、图2-37所示。

①立面图及剖面图的表现

室内立面图中轮廓部分，如天花板、墙面及地面等建筑构造部分用粗实线绘制，轮廓以内的造型形式、家具、装饰品等则往往用中实线和细实线来表示。

②立面图及剖面图的标注

垂直方向，第一道标注墙面造型的细部尺寸；第二道往往标注墙面的分隔形式，包括吊顶、造型高度及家具等的尺寸；最外一道一般标注室内的层高。

水平方向，第一道及第二道多逐级标注立面造型尺寸，最外一道往往标注立面的总长。

③室内各立面图的命名

通常室内各立面的命名依据房屋的朝向来命

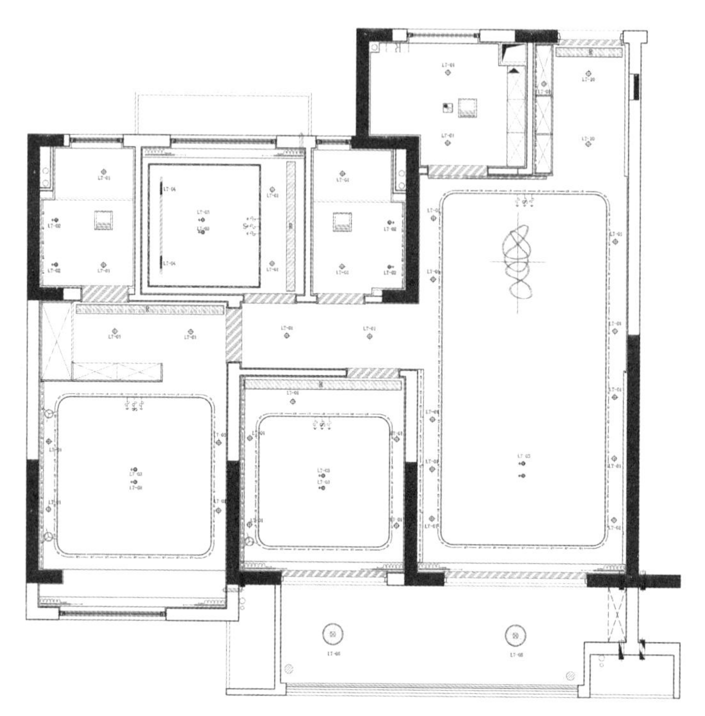

图2-35　吊顶施工图

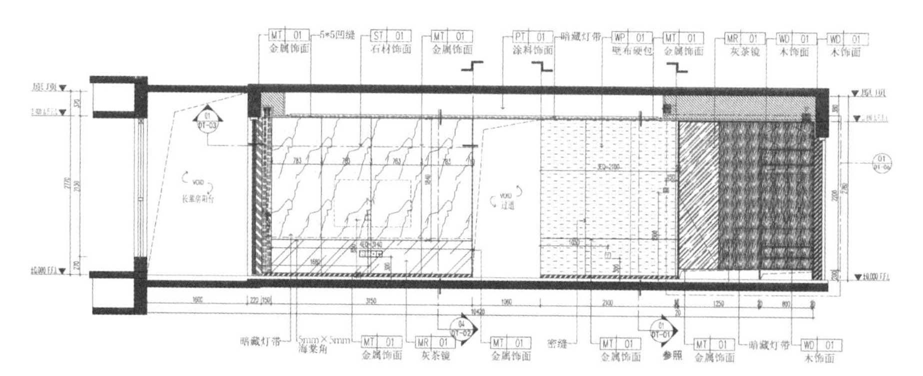

图2-36　立面图

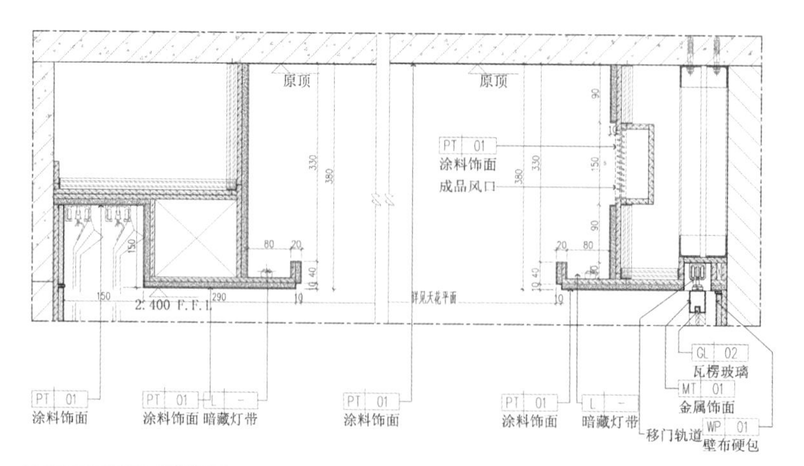

图2-37　节点大样图

名，如东立面、南立面等，还可以在平面图中用符号来标示，如A立面、B立面等。

④详图

详图，就是指详细的图样。由于室内的平、立、剖面图一般采用的比例较小，许多局部的详细构造、做法都无法体现出来，为了详细表达设计中局部的形状、材料、尺寸和做法，采用较大的比例画出的图形称为详图或大样图。在室内设计作图中，详图大多体现在诸如局部墙面断面，天花造型收口处以及各部位的线脚处理等，如图2-38所示。

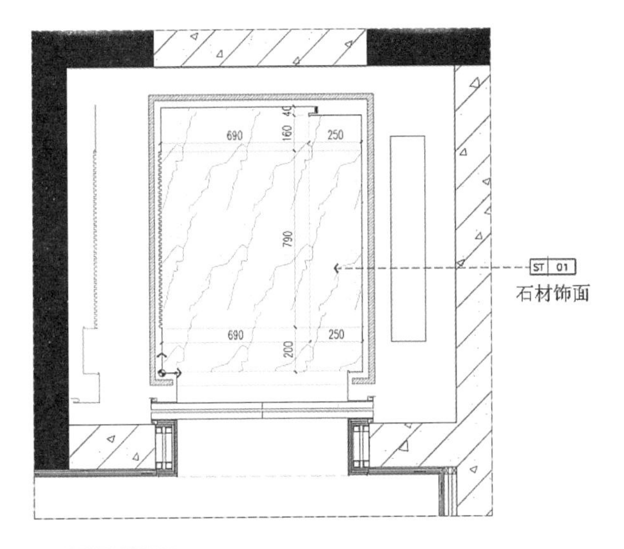

图2-38　详图

二、效果图设计

1. 手绘效果图

手绘效果图非常关键，是设计师与业主沟通的重要表现形式。主要有三种形式的手绘效果图：

（1）马克笔效果图

这种效果图表现起来非常方便、快捷，可以用明快、简洁的色彩表达设计师的理念。马克笔可以表现简单的示意图，也可表现室内效果图，在用针管笔或中性笔绘制透视关系的线稿上用马克笔或马克笔与彩铅结合上色，较为方便、快捷，也可以在与客户沟通时，勾画草图给客户较为直观的展示，如图2-39所示。

图2-39　马克笔效果图

（2）水粉、水彩效果图

水粉、水彩效果图绘制因受条件制约，近几年使用较少，但水粉、水彩绘制的效果图较为生动，表现力强，艺术氛围较好，不像计算机效果图那样，因此，一些设计师依然愿意采用这种手绘效果图。

（3）彩色铅笔与钢笔表现图

这是一种较为自由的表现方式，有时可能是应客户要求，设计师随手勾画一些家具造型、地砖铺法等，表现一些颜色和造型效果，有时是设计师自己在构思阶段勾画草图时使用，这些图虽然不是正式效果图，但在设计过程中却经常用到。

2. 计算机效果图

计算机效果图是目前居住空间设计中最为常用的一种表现方式，具有很强的真实感，不管是材料、灯光还是家具造型都能非常直观地表现出来，让人一目了然，便于设计师同业主沟通。但值得注意的是，效果图应该按照设计的构思严谨地表达，不应让效果图与完工后的工程有较大出入，如图2-40、图2-41所示。

图2-40　玄关效果图

图2-41　玄关摄影图

3. 项目总结

居住空间设计项目实操工作任务，如表2-7所示。

表2-7　居住空间设计项目总结表

<table>
<tr><th colspan="4">设计表达</th></tr>
<tr><td colspan="4">工作计划：</td></tr>
<tr><td>任务内容</td><td>组员姓名</td><td>任务分工</td><td>指导教师</td></tr>
<tr><td rowspan="4"></td><td></td><td></td><td rowspan="4"></td></tr>
<tr><td></td><td></td></tr>
<tr><td></td><td></td></tr>
<tr><td></td><td></td></tr>
<tr><td colspan="4">引导问题：常用施工图和效果图包含哪些图？画施工图和效果图主要目的是什么？
实操练习1：
小户型空间设计：独立完成项目任务书，建立完整的业主情况档案，绘制平面布置图、立面图、吊顶图，重点考虑功能划分。</td></tr>
</table>

续表

设计表达
实操练习2: 三口之家居住空间设计：一个原始户型图，收集资料完成项目任务书，建立完整的业主情况档案，并绘制施工图与效果图设计草案，最终完成完整的施工图与效果图设计。 实操练习3: 别墅空间设计：方案要有“设计点”服务于整个方案，以“草图”即速写的形式勾画方案与方案实施过程，结合文字说明、平面图，形成较完备的方案记录。在方案中用估算的方法，记录一些结构尺寸（约30个左右），列举突出的陈设物或装饰构件，以“草图”形式勾画10个，要求完成计算机效果图一套，以方案进展册和展板为成果。

案例篇

项目三
居住空间设计案例

任务一　小户型空间设计

学习目标

通过学习了解小户型空间设计的性质，了解不同概念小户型空间设计，进而了解小户型的装饰手法。

一、小户型的性质

小户型是指面积小、居住环境紧凑、居住人数较少、户型单一、功能简单的户型，能满足人的正常生活需求，侧重于经济和实用。这种户型起源于20世纪60年代的工业发达国家，因其受众面广也被我国政府和开发商高度重视，并被广泛采用，其特点如下：

（1）小户型主要分布在三个区域：一是闹市中心；二是城市轻轨车站附近；三是以工作为导向，从业人员多数为年轻人的地区，如大学城附近、科技园附近、IT产业人士的聚居地、电视台附近广告人的聚居地等。最受青睐的大开间和一室一厅的小户型，所谓“麻雀虽小，五脏俱全”，为现代都市年轻白领的首选，如图3-1所示。

（2）对于小户型的概念，目前没有一个严格规范的说法。通常认为，销售面积在60m^{2}以下的一居室，销售面积在80m^{2}以下的二居室，销售面积在100m^{2}以下的三居室，都可称作小户型。小户型由于面积小，空间安排得相对紧凑，客厅的面积在20m^{2}以内，卧室的面积在15m^{2}以内。无论一居室、两居室还是三居室，都只有一个卫生间。其特点是每个空间面积都比较小，但能满足人们日常生活的基本需求。

此外，还有一种超小户型，套内使用面积在15～30m^2，房间里厨房、卫生间具备。但由于户型过小，一般只能放一张床和基本的家具，有的没有厨房、阳台，有的厨房只是点缀而已，业主在室内只是休息，居室更像一个家庭旅馆。

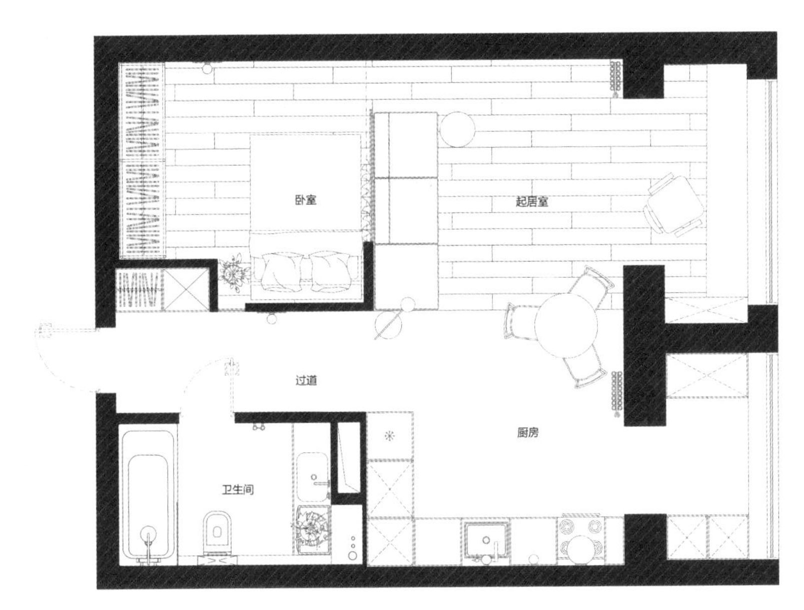

图3-1 小户型平面图

小户型居住面积小但并不等于档次低，虽然建筑面积最小可至20m²，大则不过100m²，但一般小户型房屋设计合理，功能齐全，在不影响居住的前提下，还具备会客、洗浴、做饭等功能，其地理位置一般是在市中心，以及稍远但交通便捷的地方，小区的配套设施也比较齐全。

二、概念小户型

小户型从概念上讲有两种理解，其一是成套居住定义上的小户型，其二是小面积的公寓或商务公寓。目前归纳起来主要有“SOHO”“LOFT”“蒙太奇”“SOLO”“STUDIO”等概念小户型。

1.“SOHO”概念小户型

SOHO是Small Office Home Office的缩写简称，意思是小额投资、居家办公，SOHO起源于美国的20世纪80年代，而这种“小型家庭办公室”在我国2000年1月，北京出现了“SOHO现代城”，并在三个月内一销而空。而SOHO这个在家办公的概念，也开始在我国蔓延，成为一部分自由职业者择业创业的居住与办公空间，如图3-2所示。

图3-2 SOHO公寓室内实景图

2.“LOFT”概念小户型

LOFT字面的意思是指工厂或仓库的阁楼，现指没有内墙隔断的开敞式空间。LOFT发源于20世纪六七十年代美国纽约，逐渐演变为一种时尚的居住与生活方式。LOFT户型通常是指建筑物中居室空间较高，具有上下双层结构的小户型，一般层高为3.6～5.2m，销售时按一层的建筑面积计算，但实际面积可达到销售面积近2倍，如图3-3所示。

3. “蒙太奇”概念小户型

蒙太奇是英文Montage的音译，原为建筑上的学术语，意思是构成、装配，但常被引用到文学或电影中作为一种叙述转换表现手法。蒙太奇户型最突出的特点是以小户型面积标准为基本设计单元，可按积木式自由组合成各种中、大户型，甚至是1000m²以上的超级户型。其楼内无承重墙，空间过渡没有任何明梁、暗梁。

通俗地讲，如果你对户内的格局不满意，想实现户与户之间的连通，不管你对空间有什么想法，在蒙太奇的积木式自由组合户型中都能够得到满足。所有蒙太奇的户型在客户购买时就可以按需定做，如图3-4所示。

4. “SOLO”概念小户型

SOLO英文意思是指独奏、单独、单人表演。在这里，SOLO指的是超小的户型，主要定义为：每套建筑面积约为35m²，卧室和客厅没有明确的划分，整体浴室，开敞式环保节能型整体厨房；公共空间也SOLO化，即24h便利店、24h自助型洗衣店、24h自助式健身房等。

SOLO的消费群体是年轻人，他们或是外地人，或是本地渴望独立的年轻人。他们的共同点是：大学毕业不久，积蓄有限，但是收入稳定，渴望独立生活，通常有二次置业的心理准备。SOLO的户型设计如图3-5所示。

5. “STUDIO”概念小户型

STUDIO英文意思是工作室，在国内属于比较新的产品类型，在国际上也没有形成定论。主要包括：针对中小型服务企业等“发展中企业”；相对于写字楼面积更小；对地段要求较高，交通方便，周边配套设施齐全；灵活小巧的空间设计；共享便捷的资源，包括共用律师、共用会计师、共用秘书、专业全程代办公司注册，同时，兼具商住两用等。

图3-3 LOFT公寓

图3-4 蒙太奇居室设计

图3-5 SOLO别墅

STUDIO的消费群体，是所谓的“发展中公司”，这些公司一般的规模在10人以下，尚未形成强大的经济实力，又迫切需要发展并注重形象。此类公司一般为服务性行业，比如创意领域、信息咨询、网络行业、商业艺术行业、媒体行业、摄影、漫画、音乐、软件开发、设计等新兴行业，如图3-6所示。

三、小户型的装饰手法

由于小户型的居室面积相对来说较为狭小，一个房间中可能还包括起居、会客、储存、学习等多种功能空间，既要满足人们的生活需要，还要使室内环境整洁，这就需要对居室空间进行充分、合理的布置。

首先，在墙面、角落或门的上方可以装设吊柜、壁橱等用来存放衣物，摆设书籍、工艺品等，节省占地面积。在家具选择上要尽量简朴、明净、色泽淡雅。对于茶几、餐桌，应选用透明的玻璃桌面，以减少笨重感。窗的饰物尽量从简，如果顶部有短帷，不要过于突出，应避免层层叠叠，给人一种烦琐、累赘的感觉，如图3-7所示。

其次，注重房间色调的搭配。小户型的居室如果设计不合理，会使房间显得更昏暗狭小，因此，色彩设计在结合自己喜好的同时，一般可选择浅色调、中间色调作为家具及床罩、沙发、窗帘的基调。这些色彩因有扩散性，能使居室给人以清新开朗、明亮宽敞的感受。当整个空间有很多相对不同的色调安排时，房间的视觉效果将大大提高。但要注意，在同一空间内最好不要采用过多不同的材质及色彩，这样会造成视觉上的压迫感，最好以柔和、亮丽的色彩为主调。

小户型还可以用采光来扩大视野，如加大窗户的尺寸或采用具有通透性如玻璃材质的家具等，使空间变得明亮又宽敞。

家具是居室布置的基本要素，如何在有限的空间内使居室各功能既有分隔，又有内在联系，在很大程度上取决于家具的形式和尺寸的大小。造型简单、质感轻的家具，尤其是那些可随意组合、拆装、收纳的家具比较适合小户型。或选用占地面积小、比较高的家具，既可以容纳大量物品，又不占据太大空间。小户型居室放置家具的另一大特色就是向纵向发展。如选择高脚的床具，这样一来可将

图3-6 STUDIO实景图

图3-7 35m²小空间居室设计

床面抬高，不知不觉中增加了床面以下的可利用空间，计算机对于年轻人来说是必不可少的学习和办公用具，但是在小居室中既要放下办公桌，还要再添一个大书架或书柜就显得有些拥挤了，因此，可选择具有集纳作用的整体书房。如果房间小，又希望有自己的独立空间，那么在居室中采用隔屏、滑轨拉门或采用可移动家具来取代原有的密闭隔断墙，使墙变成“活”的，可以使整体空间具有通透感，如图3-8所示。

图3-8　采用滑轨推拉衣柜增加衣柜储藏空间

最后，还应注意空间上的分割。小户型的居室，对于性质类似的活动空间可进行统一布置，将性质不同或相反的活动空间进行分离。在平面格局上，小户型的设计通常以满足实用功能为先，应合理地布置各个功能分区、人流路线和一些大型的家具。可以采用开放式厨房或者客餐厅并用等方法，在不影响使用功能的基础上，利用相互渗透的空间增加室内的层次感和装饰效果。如会客区、用餐区等都是人较多、热闹的活动区，可以布置在同一空间；而睡眠、学习则需相对安静，可以纳入同一空间。因此，会客、进餐与睡眠、学习就在空间上有硬性或软性的分隔。在户型较小的居室内，应尽量避免绝对的空间划分，可以利用地面、天花板不同的材质、造型，以及不同风格的家具以示区分。小户型设计实践活动，如表3-1所示。

表3-1　小户型空间设计工作记录表

<table>
<tr><th colspan="4">小户型空间设计</th></tr>
<tr><td colspan="4">工作计划：</td></tr>
<tr><td>任务内容</td><td>组员姓名</td><td>任务分工</td><td>指导教师</td></tr>
<tr><td rowspan="4"></td><td></td><td></td><td rowspan="4"></td></tr>
<tr><td></td><td></td></tr>
<tr><td></td><td></td></tr>
<tr><td></td><td></td></tr>
<tr><td colspan="4">引导问题：学会收集资料，培养学生的家装设计能力，如平面功能的空间合理性安排、设计的平面构成、空间感觉设计等。
任务目的与要求：
（1）以小组为单位，寻找一位有家装设计需求的业主，完成一份客户需求调研报告；
（2）完成平面方案图设计与制作，图纸大小：A3。
（3）户型图如下：</td></tr>
</table>

续表

小户型空间设计
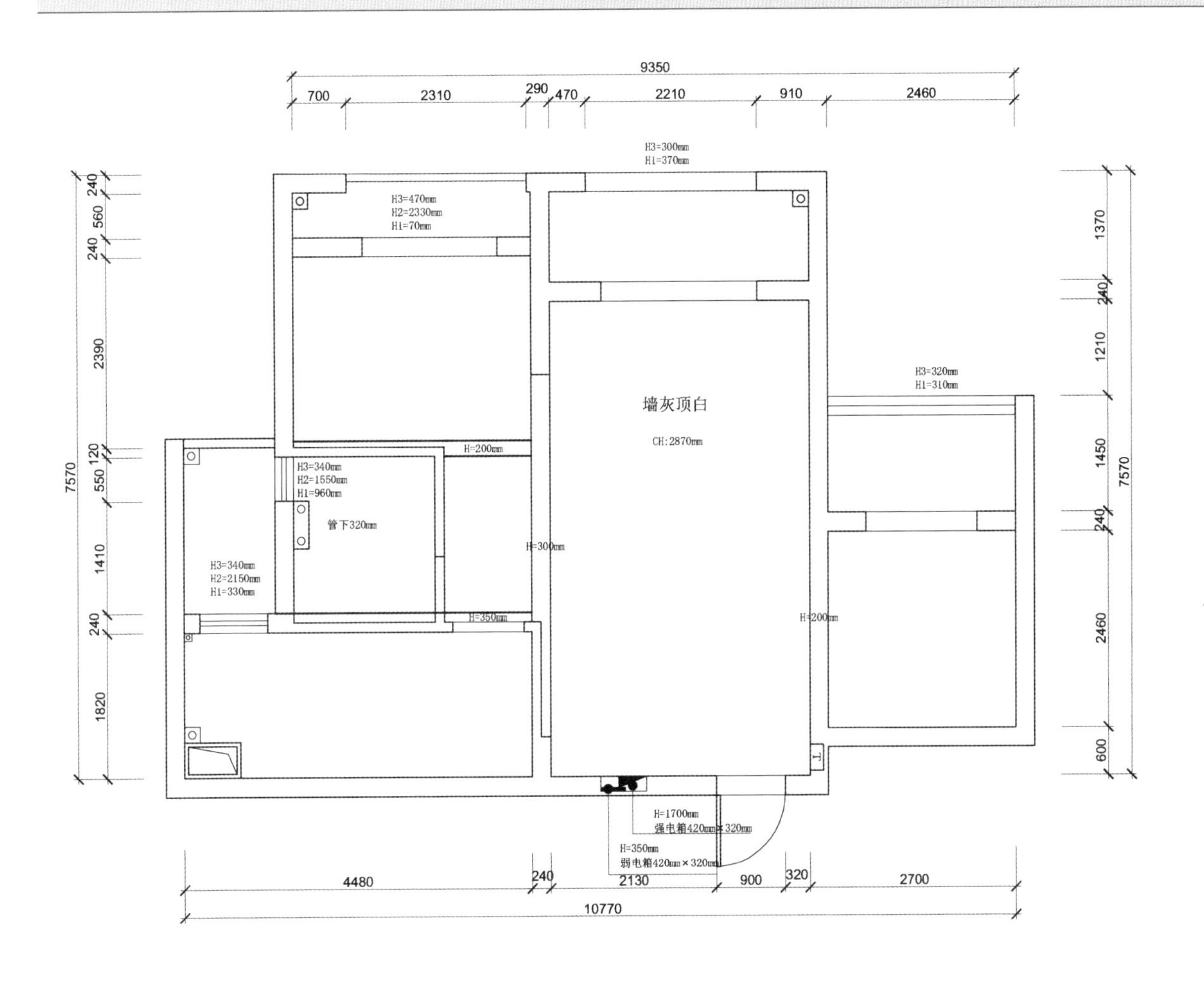 小户型设计作业

任务二　大户型空间设计

学习目标

了解错层式、跃式与复式居住空间特点及设计要点；进行案例分析及习题练习。

一、错层式居住空间设计

错层式住宅，其正式名称为“多层面梯级跃升式住宅”，是指一套住户的房间地面有两个或三个标高，高度不同的平面用梯步连接，但各个房间的层高一般是相同的。此类居住与普通居住类似，因此，每个错层应按一层面积计算。错层式居住突破传统的楼层平面布局，提高了居住空间的多样性。

错层式住宅，其最大的优势在于既有平面居住的格局，也有“别墅”般的居住感受。许多人在买房装修时，还要特意在房间内做个踏步，设计个平台，目的是改变传统固有的生活空间，以享受美满的立体生活，错层居住空间在动静分区、私密性、舒适性等方面都有一定提高和完善，如图3-9所示。

其一，错层式住宅在居住功能上具有较大的合理性，进门通过玄关便是餐厅和起居室，再往内部有卧室和书房，不同的层面形成了不同的功能区。其二，在使用功能上搭配独特，如层层设有卫生设备，区域布局动静分离、干湿分离。其三，居住空间的私密性大大加强，起居室和卧室互不干扰，不同功能的区域完全是相互独立的空间。其四，居住的便利性，错层居住没有别墅中的环形楼梯，每进一般只有3～5级台阶，进出方便、来去自由。其五，居住的档次和品位得到提升，错层式居住比平面居住更富有层次感，有利于形成具有个性的室内环境。

图3-9　新中式错层室内设计效果图

但错层式住宅也有不足之处，因平面有高差，不适宜行动困难的老年人和残疾人居住。另外，错层式居室总建筑面积过大，对抗震性要求较普通居住更高，而造成总销售价格往往过高。

目前，错层式住宅较为常见的是上上型和上下型，二进款式面积一般约为100～120m^2，有二房二厅或三房二厅等，三进款式面积一般在130～160m^{2}以上，有三房二厅或四房二厅等。无论何种错层结构，均为了突破传统的平面格局，使各个功能空间的分区更合理，空间变化更加丰富。为达到这一效果，设计时应注意以下三个方面。

1. 个性化设计

错层结构的户型视觉通透，空间的立体感增强，错层部位的处理尤为重要。比较常见的做法有：第一种是采用铁艺栏杆装饰错层，这种风格感觉大方，且不占用空间、不影响采光；第二种是一半采用玻璃隔断，一半采用地柜或者楼梯栏杆，这种风格比较实用；第三种是设计一个小吧台，这种风格时尚感强，可以充分展示出业主的个性。

2. 统一风格

大部分的错层处于居室的中心位置，很多情况下起到了隔断的作用，如客厅与餐厅之间。因此，错层的色彩应该与客厅保持协调一致，这样居室的整体效果会好一些。当然，错层的设计不妨别致一些，让这一块空间成为居家空间的一个亮点。比如，可以考虑将这部分空间做绿化处理，在错层附近摆放一些绿色植物，这样可以把视觉吸引到空间上而不是仅限于地面。

3. 人性化考虑

错层的装饰不可忽视安全问题，应从人性化的角度考虑布局和设施。首先，从材料上来讲无论是选用木质的、玻璃的还是铁质的，都不能忽略所选择材料的安全性，其安全性主要指是否有污染和材料是否光滑两方面；其次，如果家里有老人和孩子的，一定要特别注意他们上下错层时的安全问题。

二、跃层式居住空间设计

跃层式住宅是近年来推广的一种新颖居住建筑形式。这类住宅的内部空间借鉴了欧美小二楼独院式住宅的设计手法，其特点是具有上下两层楼面，起居室、客厅、卧室、卫生间、厨房及其他辅助用房可以分层布置，上下层之间不通过公共楼梯，而采用户内独用的小楼梯连接。室内布局一般一层为起居室、餐厅、厨房、卫生间、客房等，二层为私密性较强的卧室、书房等。跃层式户型的优点是每户都有较大的采光面，通风较好，户内居住面积和辅助面积较大，布局紧凑，功能明确，相互干扰较小。对于那些既想住在市区，又想体会别墅上下层感觉的购房者来说，跃层是一种比较好的选择。

与一般户型有所区别的是，跃层式户型的客厅相对较大，一般约30m^2。跃层的空间不是简单的叠加，空间感突出，客厅与餐厅的落差显得空间开阔、大气，户主个性得以充分彰显，满足了消费者“楼中楼”的心理。换句话说，跃层式户型本身就起到了有效突显其个性的作用，如图3-10所示。

三、复式居住空间设计

复式居住空间（又称高效空间居住）是受跃层式住宅启发而创造设计的一种经济型居住方式。这类居住方式在建造上即一层层高比较高的房子中局部加一层变为两层较低的房子，而两层合计的层高要低于跃层式居住。下层供起居用，包括炊事、进餐、洗浴等，上层供休息睡眠和储藏用，户内设多处入墙式壁柜和楼梯，中间楼板也即上层的地板。因此，复式居住具备了省地、省工、省料又实用的特点，比较适合三代、四代同堂的大家庭居住，既满足了隔代人的相对独立，又达到了相互照应的目的，如图3-11所示。

复式住宅的经济性主要体现如下：

（1）平面利用系数高，通过夹层复合，可使使用面积提高50%～70%。

（a）一层效果图

（b）二层效果图

图3-10　跃层样板间效果图

图3-11　复式空间设计

（2）户内的隔层为木结构，将隔断、家具、装饰融为一体，既是墙又是楼板、床、柜，降低了综合造价。

（3）上部夹层采用推拉窗及墙身多面窗户，通风采光良好，与一般层高和面积相同的户型相比，土地利用率可提高40%。

随着人们生活质量和文化素质的提高，变化不多的平面住房已经不能完全满足人们对住房空间的需求，人们对于复式住房的需求越来越多。

近年来，随着复式居住层高不断提升，有的甚至达到了5m以上，有些开发商干脆不做楼层隔层，这样一个高挑的空间，其设计将具有很大的开阔性。可以预见，这种精巧的复式居住，由于经济效益十分明显，价格相较跃式偏低，必然成为居住市场上的热销产品。

现在市场上出现的复式住宅，具体可分为以下三种。

1. 经济性复式住宅

把普通居住分楼上楼下两层使用，入户不通过客厅即可进出楼上卧室，楼上休息楼下活动，做到最佳私密性，其优点是提高土地利用率，最大限度降低开发成本；阴阳面共享，使房子与人起居行为的匹配做到更加人性化。

2. 小户型复式住宅

复式住宅历来都是特色化居住方式，它的售价往往高于同一小区普通住宅的价格，其面积一般约为200m^2，因此，总价就超出了普通消费者的购房能力范围，使得众多的消费者只能“望而兴叹”，小户型复式针对传统的复式住宅而言，特征是面积大幅度降低，而户型结构并没有太大的变化。

3. 半复式住宅

购房者买了房子之后做精装修时，自己可搭建一层，把空间隔开，根据需要将上一层作为卧室、储备间等。这种半复式居住比较适合空间比较小的房子，购房者自己动手把户型格局改变，取得复式的效果，其优点是总价不变，增加了使用空间。

总之，复式住宅打破了原有普通单元式住宅单调的平面形式，把室内居住环境空间化、层次化，使功能分区更为合理，动静有别，格调高雅。与普通的平面户型相比，其空间形式更为丰富，变化多样，能融入更多的创意体现个性，是介于普通单元式住宅与别墅之间的一种理想的高档居住形式。

四、跃层式与复式居住空间设计要点

跃层式住宅有上下两层楼面，上下层之间通过户内独用小楼梯连接。复式居住也有上下两层，不过它的上层实际上是在层高较高的楼层中增建的一个夹层，两层合计的层高大大低于跃层式住宅。这两种住宅的共同点是面积较大，属于比较豪华的住宅，购房投入资金较多，室内装饰设计时应注意以下问题：

1. 功能要齐全，分区要明确

跃层和复式居住有足够的空间可以分割，按照主客之分、动静之分、干湿之分的原则进行功能分区，满足人们休息、娱乐、就餐、读书、会客等需要，同时也要考虑外宾等的需要。功能分区要明确、合理，避免相互干扰。一般下层设起居、炊事、进餐、娱乐、洗浴等功能区，上层设休息、读书、储藏等功能区。卧房又可以设父母房、儿童卧室、客房、佣人房等，满足不同需要。

2. 中空设计，突显尊贵

一般客厅部分都是中空设计，使楼上楼下有效融为一体，有利于一楼的采光、通风效果，更有利于家庭人员间的交流沟通，也使室内有了一定的高差。正由于有了足够的层高落差，设计时要注意彰显这种气派感。如在做吊顶时对灯具款式的选择面更大一些，可以选择一些高档的灯具，以体现主人的生活和思想的品位。

3. 突出重点，楼梯画龙点睛

在装饰档次上，要根据主人的不同需求、不同身份进行设计，需注意突出重点。一般主卧室、书房、客厅、餐厅要豪华一些，客房、佣人房则应简洁一些。

楼梯是这类居住装修中的一个点睛之笔，楼梯一般采用钢架结构、玻璃材质，以增加通透性，露出楼梯。其形状一般为U形、L形，主要是为了节约空间。而S形旋转楼梯更有韵味，更有利于突出楼梯形态美，更有现代感。空间也变得更加紧凑，从而使空间得到有效利用。楼梯下的空间或装饰或配置几盆花卉盆景、饲养虫鱼，使空间更富有活力和动感。而楼梯在色彩选用上，忌过冷或过热的色调，能有冷暖的自然过渡，往往与扶栏的色彩相互匹配，相得益彰。

4. 扶栏装饰，放飞思想

在充分考虑到安全性的前提下，楼上的扶栏应注重突出装饰性。大体有圆弧型或直线型，生活中采用曲线方式的比较多，使空间在视觉上有一个灵动的变化。在装饰风格上各有不同的表现形式。欧式以纯色、浅色为主，造型上讲究点、线，大花大线，曲线会多一些。中式的直线会多一些。在材料的使用上，扶栏材质的质量要求会更高一点，多选用与楼板表面同样材料，楼梯台阶多以金属、石材体现现代感，使楼梯更显档次，如图3-12所示。

5. 多样灯具，营造丰盛主义

正因为有了楼层空间的落差变化，所以可以在客厅灯具的选择上，用更高档的灯具进行装饰点缀，以备家庭聚会或重大活动之用。而在其他地方可以使用吊灯、筒灯、射灯、壁灯等，灵活搭配使用，显得有韵味和变化，灵动活泼。在楼梯附近，要有照明灯光的引导，也是室内效果的点缀。在有挑空客厅的时候，由于楼层的层高更高，增加点光源，少用主光源，从实用的角度来讲，既可以节约能源，又增加了光照度。这样就通过设计不同的灯光，达到主次明暗的层次变换效果，营造出舒适、惬意的家庭氛围，如图3-13所示。

图3-12 楼梯扶栏装饰效果图

图3-13 客厅多样灯具

6. 窗帘选择，演绎浪漫

当两层叠加时，窗帘的风格与平层无异；如果有巨型落地窗，窗帘会从二楼一直垂落到一楼地面，一般就采用罗马杆或滑竿，简约自然。若是欧式风格，就很讲究水幔和窗帘的绑带或花钩。主要体现在装饰或配饰这些细节上，以突显业主的品位。季节变化比较明显的地方，一般应做成布窗帘和纱帘两层，一来能阻挡空气中的悬浮物，二来则有隔声、吸音的效果。窗帘的颜色和款式，要和室内主体相呼应。空间大、光照度强的时候，宜用深色配以图案，空间小、光照度较暗时，可选择浅色。材质要有下垂感和质感。帘子的打开多为平开方式，常根据家庭的整体风格和个人喜好而定。一般而言，在卧室、儿童房、书房等私密空间，建议用卷帘或折帘，开合更自如，如图3-14所示。

大户型设计实践活动，如表3-2所示。

图3-14　主卧室采用双层窗帘设计

表3-2　大户型空间设计工作记录

大户型空间设计			
工作计划：			
任务内容	组员姓名	任务分工	指导教师
快题设计： 1. 设计内容 （1）设计主题：多户型居住设计 （2）空间安排：玄关、客厅、餐厅、厨房、主卧、次卧、书房、佣人房、更衣房、卫生间。 2. 设计条件 （1）一对中年夫妇，丈夫是某艺术学院教授，妻子是中学音乐老师。 （2）有一男孩就读中学。 （3）丈夫业余爱好收藏古玩字画，妻子业余爱好运动。 （4）男孩爱好天文和动物。 （5）有一保姆做家务。 （6）户型图如下，层高3m。 3. 设计要求 （1）按照居住空间设计的基本原理，在满足功能的基础上，力求方案有个性、有思想。造价不限。 （2）设计要适合业主的身份特点，有一定的文化品质和精神内涵。 （3）针对居住的需要，充分考虑空间的功能分区，组织合理的交通流线。			

续表

大户型空间设计

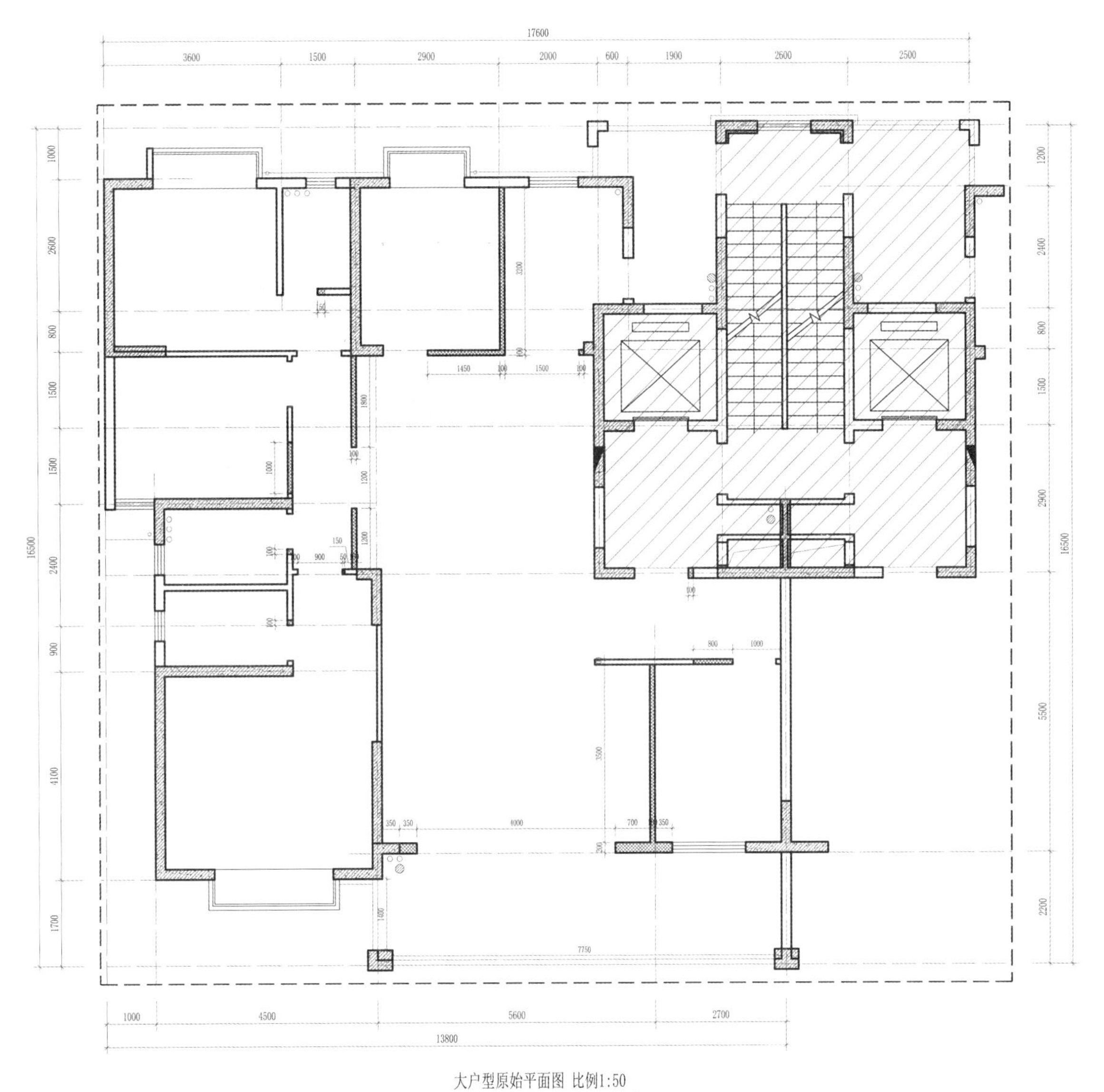

大户型原始平面图 比例1:50

大户型设计作业

（4）充分利用现有条件，考虑业主的情况，结合自己对居住建筑室内设计的理解，创造温馨、舒适的人居环境。

（5）设计要以人体工学的要求为基础，满足人的行为和心理尺度要求。

4. 设计成果

（1）图纸规格：A3。

（2）图纸内容：总平面布置图（1：100）；功能分析图（功能泡泡图）和交通流线分析图。

（3）要求：注明各房间、各工作区和功能区名称；有高差变化时须注明标高；应布置家具、地面铺装及设备。

任务三　别墅设计

学习目标

学习了解别墅的性质与分类；掌握别墅的设计要点。

一、别墅的性质

别墅的定义，国内外有较鲜明的差异。国外别墅的概念较为清晰，即远郊独立的一幢房子，是用于休闲度假的真正意义上的第二居所。它强调山水景观、自然环境，与现实城市生活节奏拉开一定差距。美国大辞典对别墅的定义为：位于郊外，占地两亩（约1333m^2）以上，具备独立的花园和优美的自然景观的两层以上独立居所。我国原国土资源部对别墅的定义为：拥有独立门、独立户、独立院，且为2～5层楼的形式，拥有地下室。这种住宅包括：单独的小楼、联排、双拼、叠加小高层等，如图3-15所示，其特点如下。

图3-15　别墅设计

（1）建筑面积200m^2以上；

（2）占地面积大，且容积率低于1；

（3）装修标准高，室内配有影音室、健身室、酒窖室、小花园等；

（4）市场定位：提供高于普通住宅的生活体验，满足小数高消费群体需求。

别墅（Villa）与普通住宅相比，除了基本功能有许多相似之处外应有很多不同之处，别墅是一种带有品位的居住场所，代表一种生活方式和理想：首先，它是一种生活方式，区别于其他建筑类型的最重要特征在于，它是与自然景观息息相关的终极居住形式；其次，它是住户身份品位和层次的标志；最后，别墅所在区域丰富的自然景观带给人们生活上较大的影响，森林也好，湖泊也罢，蕴藏其间的是闹市生活永远无法给予的雅致生活方式，在岁月沉淀中，别墅方能一定程度上实现其价值，如图3-16所示。

二、别墅的设计要点

随着别墅生活离我们越来越近，别墅室内设计也一改以往“豪华”“艺术”等风格，开始以实用为主。

首先，别墅设计的重点是功能和风格。别墅面积较大，一般有八九个房间，对于家庭成员较少的家庭来说，如何分配空间功能是一个重要的问题。现阶段一些别墅设计师的不专业，往往造成大面积的空间功能重复，让客户认为其生活质量并没有很大程度提高。究其原因在于设计师以公寓的生活模式去理解别墅设计。

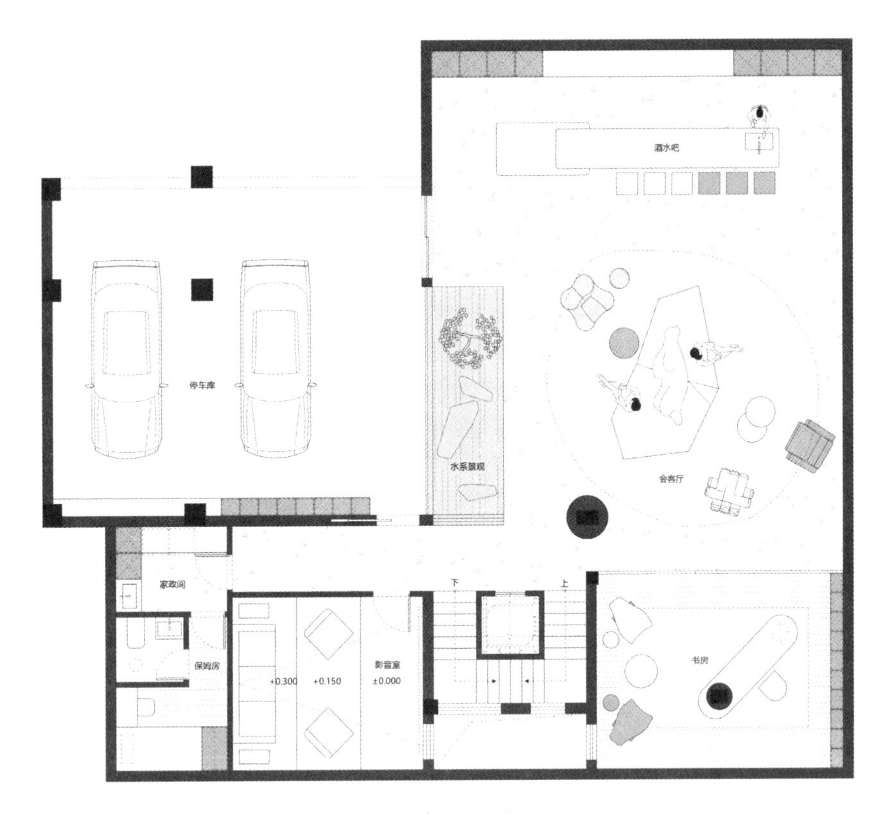

（a）别墅一层平面图

（b）别墅二层平面图

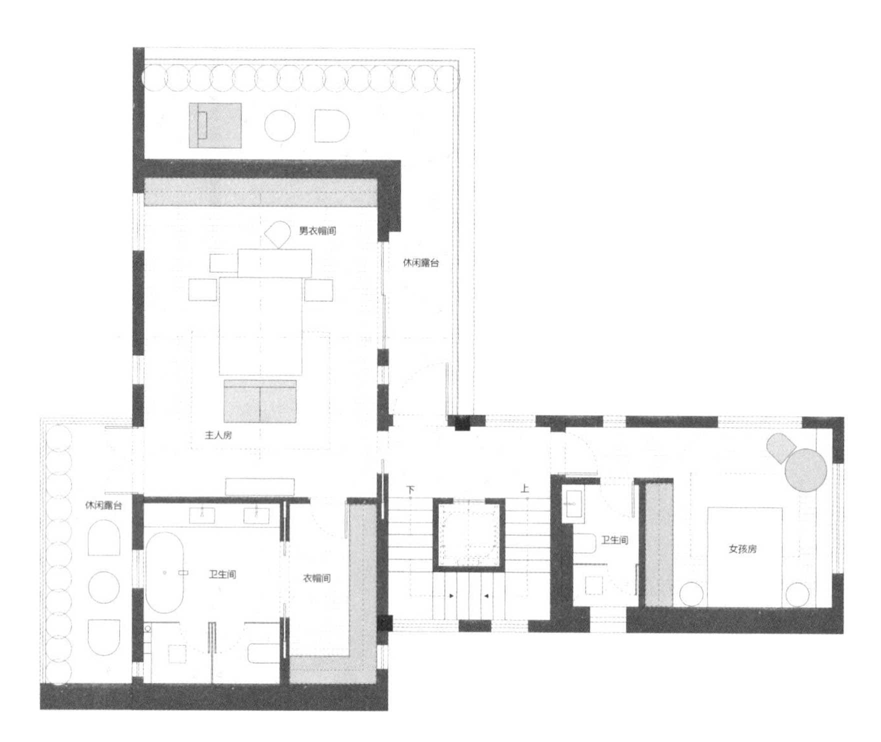

（c）别墅三层平面图

图3-16 别墅平面设计方案

别墅设计与一般满足居住功能的公寓是不一样的概念。别墅里可能会有健身房、娱乐房、洽谈室、书房，客厅还可能有主、次、小客厅之分等。别墅设计以理解别墅居住群体的生活方式为前提，才能够真正将空间功能划分到位。

至于别墅风格的选择，不仅取决于业主的喜好，还取决于业主生活的性质。有的别墅是作为日常居住，有的则是第二居所。作为日常居住的别墅，首先要考虑到日常生活的功能，不能太艺术化、太乡村化，应多一些实用性功能。而度假性质的别墅，则可以相对多元一点，可以营造与日常家居不同的风格，如图3-17所示。

图3-17 海边度假别墅

其次，别墅一般面积大，楼层多，上有天，下有地，装修项目多，买房花去了很多资金，加上装修本身就是一个耗时耗力的工程，一不小心就会出现支出大大超出预算的现象，有可能给家庭带来新的财务压力。因此，别墅装修、装饰更需要有明确的整体投资预算，并确定哪一层哪一个空间是投资重点，设计阶段就要对各项费用进行全面把控并合理地分配。优秀的设计兼顾实用性、环保性和美观性。而美观的体现并不是繁复的堆饰，而是要花心思从细节上出新意，如图3-18所示。

图3-18 光之艺术宅邸设计

再次，别墅设计中的水电设计不同于普通居室，对于别墅来说，设计过程中牵涉到的东西很多，包括取暖、通风、供热、中央空调、安防以及大量的设备，而且由于别墅占地面积大，空间穿插交错复杂，水电设计就要考虑得周到、科学，注意主光源、辅助光源、艺术点光源的合理配置以及楼层间照明的双回路控制等。

最后，后期配饰也是必不可少的，合理的配饰会起到画龙点睛的功效，看似不经意中的一幅画，一盆花，一个陶瓷瓶，一尊雕塑，都与周围的环境相互融合，包括家具、窗帘、摆饰、餐具以及个人饰品等，要想达到理想的效果，需在专业家居配饰设计师的指导下，用专业的眼光完成真正意义上的“别墅装修配饰”工程。

三、别墅设计的五大空间概念法

纵观近几年的别墅设计，其经历了一个从盲目模仿到寻找传统和地域文化的阶段。北京大学俞孔坚教授倡导“天地—人—神”和谐的设计理念，说：“别墅的设计原理要认同于洪荒时代，定位于天地之间。就是人从哪里来的还是要到哪里去，他的最高境界是什么，就是在天地之间定位，在天地之间找到你最远古的原始人的基因，在天地之间定位的场所才真正叫别墅。”因此，在别墅设计的过程中，设计师要首先考虑人的需求方面，真正体现出屋主的个性需求。下面对几种空间概念进行分析，从中学习、掌握别墅设计的方法。

1. 别墅设计的生活空间

选择居住方式也是选择一种生活方式。一套别墅其实就是一部历史，所以，在别墅空间设计规划上，业主总有一种比较高的境界，渴望空间按照他们所期望的，表现的是一个真实空间。尽管想法不同，但有一点他们是相同的——开拓的精神，提高生活空间品质，调剂生活情调。他们用智慧创造财富，用财富改变生活。又用生活去开拓思想，使生活不再枯燥无味，而创造一种比较宽松、浪漫、休闲的生活空间。在设计时，设计师必须从传统的构思中解放出来。无论空间的大小，塑造空间的宽松、休闲是第一位的。设计生活空间不仅要满足最基本的功能需求，更要满足提高生活品质所需要的空间，因此要更多地考虑业主的工作习惯和生活习惯，当然，也包括所有居住人，哪怕是临时客房的基本需求，如图3-19所示。

2. 别墅设计的心理空间

一套别墅无论空间大小，价位高低，能否体现主人的需求、居住者的精神和意识，是至关重要的。法国著名作家雨果在形容人的胸怀时说：“比海洋更宽阔的是天空，比天空更宽阔的是人的心灵。”可以想象，任何空间的大与小没有绝对之分，大空间也许可以体现价值的大小，但不一定能

图3-19 客厅沙发设计满足临时客房的基本需求

体现人的思想观念价值，如图3-20所示。

随着社会的发展，物质文明和精神文明不断地提高。拥有别墅的业主也时常在考虑，其别墅空间要满足实用功能需求是一件非常容易的事情，但要满足功能空间需求的同时又要满足业主的心理空间需求恐怕要费些周折和代价。

那么，什么是别墅设计的心理空间呢？所谓心理空间，就是人在居住空间中所产生的意识、思想、精神和文化。你有多高的精神境界，你就有多高的空间意识。满足空间一般的使用功能，制作设计亮点带来内心和身体的舒适是件十分重要的事情。但空间设计既要满足基本空间功能的需求，又要满足主人的心理空间和精神层面的需求，同时也需要设计师融入业主的思想意识，找到双方最佳意识共通层面却不是件易事。心理空间是实用功能空间之外的第二空间。如果第一空间划分需要设计师过硬的设计能力的话，那么，对第二空间的划分需要的却是设计过硬的软指标。如果说硬指标是数据，那么软指标就是灵魂。如果把空间设计比喻一个人的身躯，那么，心理空间设计则是这个身躯的灵魂。因此，是否可以这样说，再漂亮的设计只不过是空间表面上的堆积，要体现一个人的思想意识、精神文化、个性特色就要看设计师设计以外的功底了。每套别墅都是一部历史，一个故事。不仅要读懂、领会，还要抓住其精髓，抓住最能感动人的部分，如果连设计师自己都不能感动，要感动别人，那就成了空话。

3. 别墅设计的个性空间

当今的时代是一个信息爆炸的时代，也是一个丰富多彩的、充满个性色彩的时代。别墅空间设计同样也有这样的问题。别墅空间因为有山有水，有充裕的庭院空间，有独立的自然环境等独立因素，比起其他房型必然会产生更多的空间特征。因此，每一套独立别墅从产生那天起都被赋予了很多底蕴和内涵。再加上业主的个人背景，以及业主思想意识的渗透，都更加突出了空间发展的个性化趋势。

个性空间表述的特征在于，一是别墅空间独特的建筑原形态；二是主人思想境界的表述；三是主人的文化层次的体现；四是主人性格爱好的体现；五是设计师自身的资历和整体把握。因此，在尊重这些特征的基础上，设计师能否发现抓住空间特质才是最重要的，如图3-21所示。

4. 别墅设计的自然空间

别墅自身独特的地理环境和位置导致别墅的自然空间要优于其他居住环境。因此，研究别墅自然环境和自然空间是目前别墅设计上的空白点。随着最佳别墅标准反复讨论和论证，以及市场对别墅最后论证的出台，别墅的自然环境属性放在衡量别墅价值的首位。在大都市到处都是钢筋混凝土的高楼大厦，充满城市噪声，别墅的自然环境和自然空间，就显得特别珍贵。

图3-20　玻璃幕墙设计更显宽敞明亮

图3-21　中国古建筑轮廓在墙面装饰上的应用

作为承载自然环境的别墅建筑，“天然去雕饰”十分重要。天然的植被，天然的绿化，天然的新鲜空气都是宝贵的资源，把此作为最重要的事物去设计表现。引进新鲜的空气和阳光，最大化引进自然环境的设计是别墅设计首选语言。任何装饰手段，包括室内配置，也包括硬装修所使用的主材，都必须让位或考虑天然的元素回归人类心理的自然要求，在使用环保材料上和自然空间两次设计上都必须尊重自然环保的概念，体现原自然生态。无论是多豪华、奢侈的装饰，在大自然面前都显得苍白无力。

5. 别墅的舒适空间

别墅，如果非要堆砌豪华的建材，不但花费巨资，还不一定能让人感到舒服。家和酒店有着显著的区别，家必须体现温馨，随便哪个房间，甚至哪个角落都可以坐下来倍感轻松和休闲，不存在任何的心理负荷，也不存在任何的心理障碍，既然别墅也是家，住得舒服、适合自己和家人居住是第一位的。

舒适空间的特征在于，一是功能空间要实用；二是心理空间要实际；三是休闲空间要自然宽松；四是自然空间要能陶冶精神，放松心情；五是生活空间要以人为本；六是私密空间满足人们最大程度的空间释放。舒适的空间能让人内心平静下来；舒适的空间也能抚慰人的精神。舒适的空间就像港湾，它能使经受风浪折断的帆船进港休整、充电，以便第二天精神饱满地驶入更宽阔的海域，乘风破浪，直抵彼岸，如图3-22所示。

图3-22 悦心岛上藏品级山湖岛墅

表3-3 别墅空间设计工作记录

<table>
<tr><th colspan="4">别墅空间设计</th></tr>
<tr><td colspan="4">工作计划：</td></tr>
<tr><td>任务内容</td><td>组员姓名</td><td>任务分工</td><td>指导教师</td></tr>
<tr><td rowspan="3"></td><td></td><td></td><td rowspan="3"></td></tr>
<tr><td></td><td></td></tr>
<tr><td></td><td></td></tr>
<tr><td colspan="4">思考习题：思考别墅设计的精神空间诉求如何考虑。
快题设计：根据给定的户型图，进行平面功能规划设计。
1. 设计内容
（1）设计主题：别墅空间设计。
（2）空间安排：玄关、客厅、餐厅、茶室、厨房、主卧、主卧书房、男孩房、女孩房、客房、老人房、健身房、影音室、露台、佣人房、卫生间。</td></tr>
</table>

续表

别墅空间设计
2. 设计条件 （1）位于某郊区湖边；三层面积790m²。 （2）男业主：外企总经理，45岁；女业主：画家，30岁；女儿：小学三年级；儿子：某私立幼儿园，4岁，玩具爱好是汽车；父母均70岁，喜好太极运动。 （3）中央空调；造价不限。风格要求：中欧结合。 （4）有保姆做家务和照顾孩子。户型图如下，层高3.0m。 3. 设计要求 （1）按照别墅设计的基本原理，在满足功能的基础上，力求方案有个性、有思想。 （2）设计要适合业主的身份特点，有一定的文化品质和精神内涵。 （3）针对居住的需要，充分考虑空间的功能分区，组织合理的交通流线。 （4）充分利用现有条件，考虑业主的情况，结合自己对居住建筑室内设计的理解，创造温馨、舒适的居住环境。 （5）设计要以人体工学的要求为基础，满足人的行为和心理尺度需求。

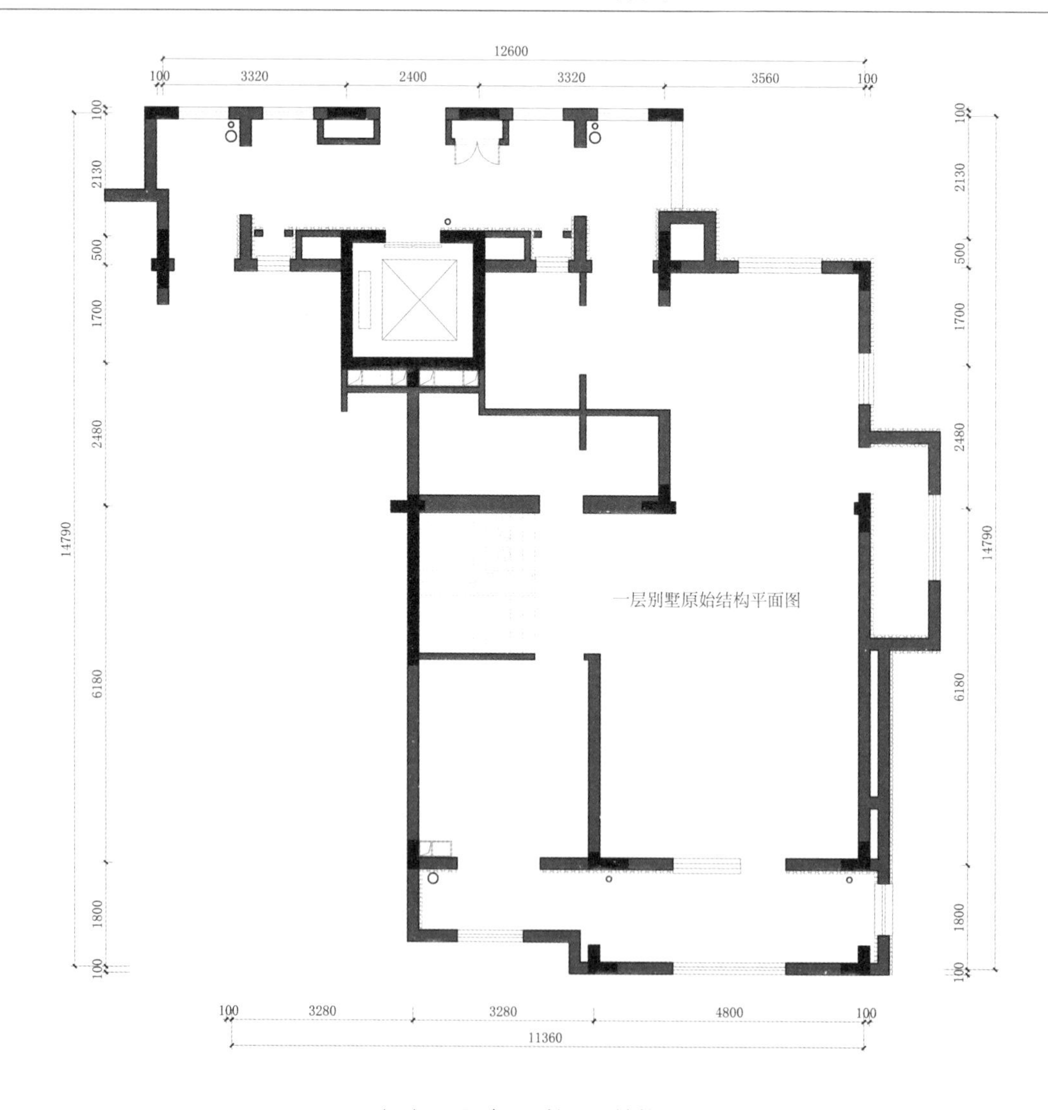

（a）一层别墅原始平面结构图

续表

别墅空间设计

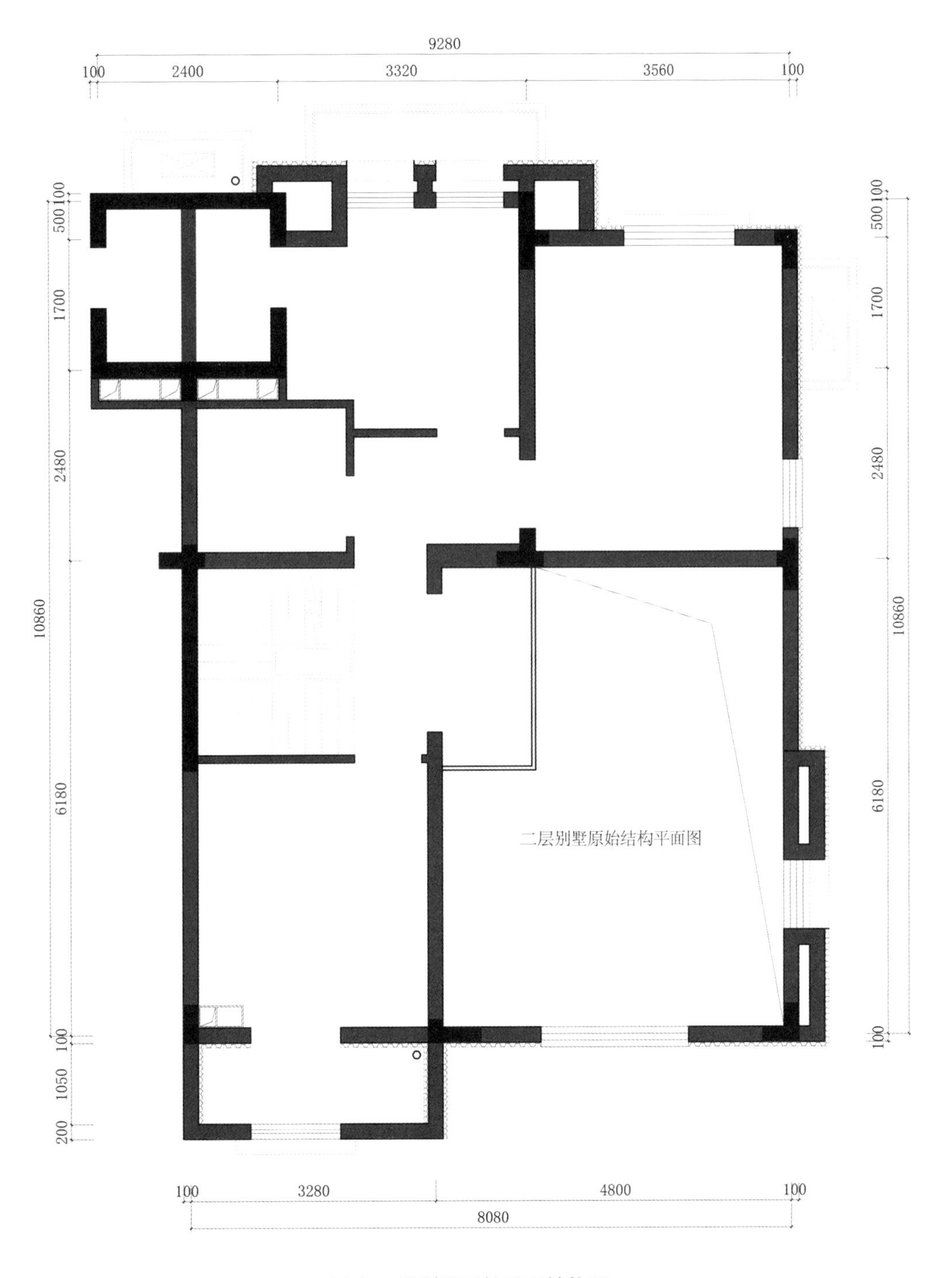

（b）二层别墅原始平面结构图

续表

别墅空间设计
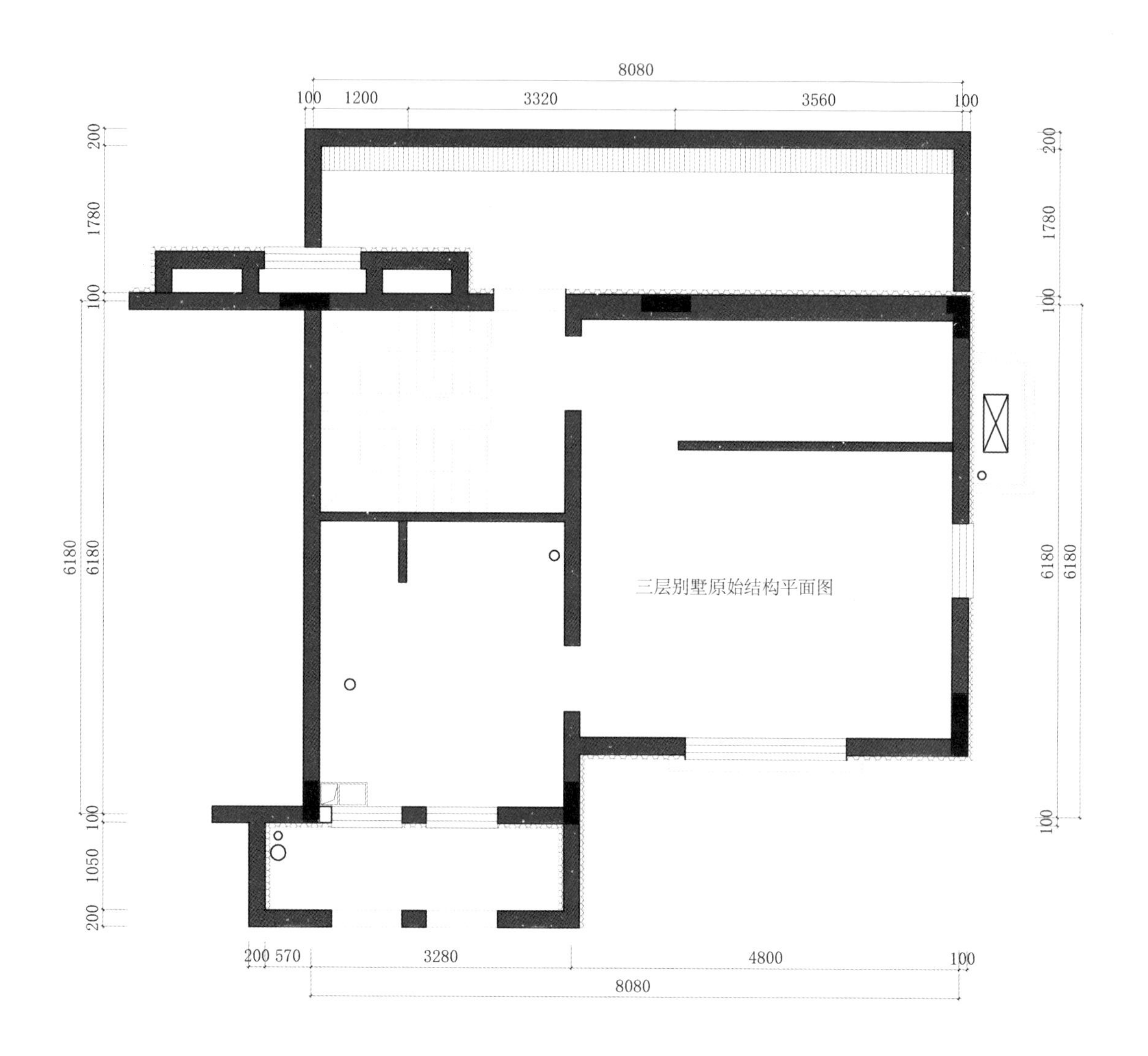 （c）三层别墅原始平面结构图 别墅设计作业 4. 设计成果 （1）图纸规格：A3。 （2）图纸内容：总平面布置图（1：50），功能分析图和交通流线分析图。 （3）要求：注明各房间、各工作区和功能区名称，有高差变化时须注明标高，应布置家具、地面铺装及设备。

附录篇

居住空间设计标准与规范

附录一：《建筑装饰装修制图标准》节选

一、图纸幅面规格

幅面代号	尺寸代号				
	A0	A1	A2	A3	A4
b×l	841×1189	594×841	420×594	297×420	210×297
c	10			5	
a	25				

注：建筑装饰装修设计图以A3为主，居室装饰装修设计图以A3为主，设计修改通知单以A4为主。表中b为幅面短边尺寸，l为幅面长边尺寸，c为图框线与幅面线间宽度，a为图框线与装订线间宽度。

二、图纸编排顺序

1. 工程图纸应按专业顺序编排，应按图纸目录、设计说明、总图、建筑图、结构图、给水排水图、暖通空调图、电气图等顺序编排。

2. 各专业的图纸，应按图纸内容的主次关系、逻辑关系进行分类，做到有序排列。

三、图线

1. 图线的基本线宽b，宜按照图纸比例及图纸性质从1.4mm、1.0mm、0.7mm、0.5mm线宽系列中选取。每个图样，应根据复杂程度与比例大小，先选定基本线宽b，再选用下表中相应的线宽组。

线宽比	线宽组（mm）			
b	1.4	1.0	0.7	0.5

续表

线宽比	线宽组（mm）			
0.7b	1.0	0.7	0.5	0.35
0.5b	0.7	0.5	0.35	0.25
0.25b	0.35	0.25	0.18	0.13

注：1. 需要缩微的图纸，不宜采用0.18mm及更细的线宽。
2. 同一张图纸内，各不同线宽的细线，可统一采用较细的线宽组的细线。

2. 图框和标题栏线的宽度如下。

幅面代号	图框线	标题栏外框线	标题栏分格线、会签栏线
A0、A1	b	0.5b	0.25b
A2、A3、A4	b	0.7b	0.35b

四、比例

1. 比例宜注写在图名的右侧，字的基准线应取平；比例的字高宜比图名的字高小一号或二号。

平面图 1:50　　平面图 1:100　　⑤ 1:30

2. 绘图所用的比例如下。

常用比例	1∶1、1∶2、1∶5、1∶10、1∶20、1∶50、1∶100、1∶150、1∶200、1∶500、1∶1000、1∶2000
可用比例	1∶3、1∶4、1∶6、1∶15、1∶25、1∶40、1∶60、1∶80、1∶250、1∶300、1∶400、1∶600、1∶5000、1∶10000、1∶20000

五、符号

1. 剖切符号宜优先选择国际通用方法表示，也可采用常用方法表示，同一套图纸应选用一种表示方法。

（1）剖视的剖切符号规定一（国际通用方法）：

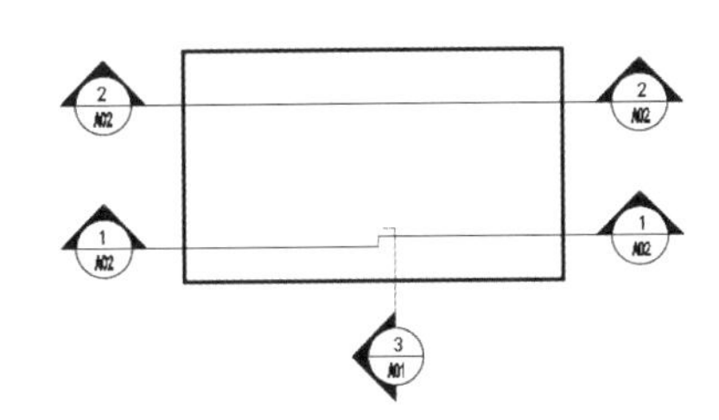

采用国际通用剖视表示方法时，剖面及断面的剖切符号应符合：剖面剖切索引符号应由直径为8～10mm的圆和水平直径以及两条相互垂直且外切圆的线段组成，水平直径上方应为索引编号，下方应为图纸编号，线段与圆之间应填充黑色并形成箭头表示剖视方向，索引符号应位于剖线两端，方向线长度宜为7～9mm，宽度宜为2mm。

（2）剖视的剖切符号规定二（常用方法）：

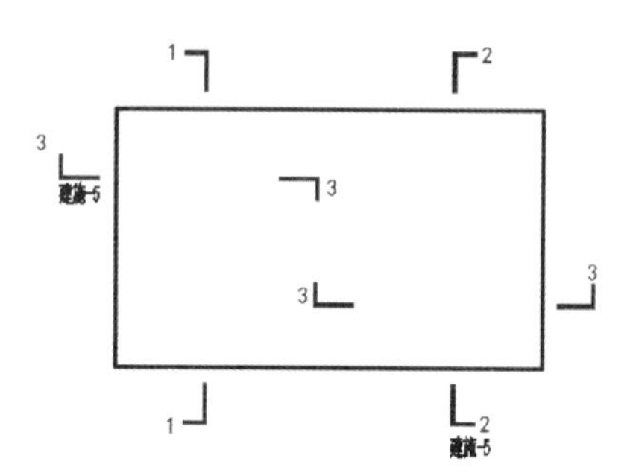

剖视剖切符号的编号宜采用阿拉伯数字，按剖切顺序由左至右、由下向上连续编排，并应注写在剖视方向线的端部。

2. 断面的剖切符号

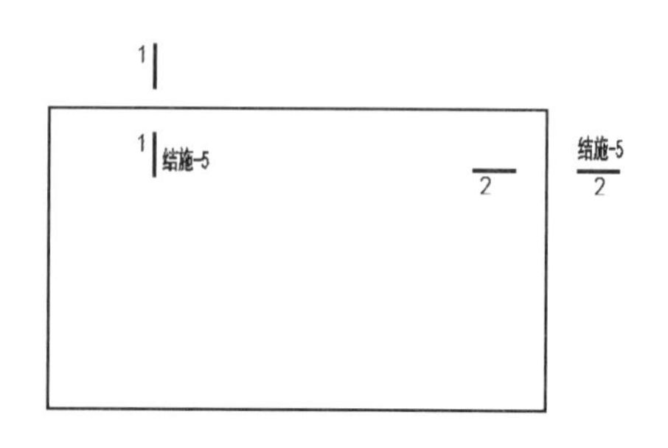

断面的剖切符号应仅用剖切位置线表示，其编号应注写在剖切位置线的一侧；编号所在的一侧应为该断面的剖视方向，其余同剖面的剖切符号。

（1）索引剖视详图的索引符号：

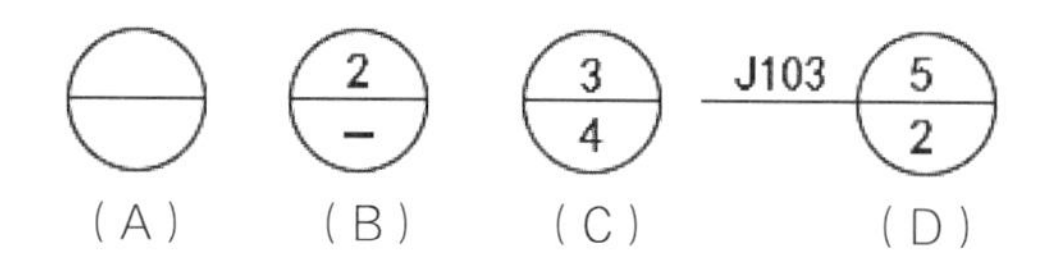

应在索引符号水平直径的延长线上加注该标准图集的编号d。需要标注比例时，应在文字的索引符号右侧或延长线下方，与符号下对齐。

（2）索引符号如用于索引剖视详图：

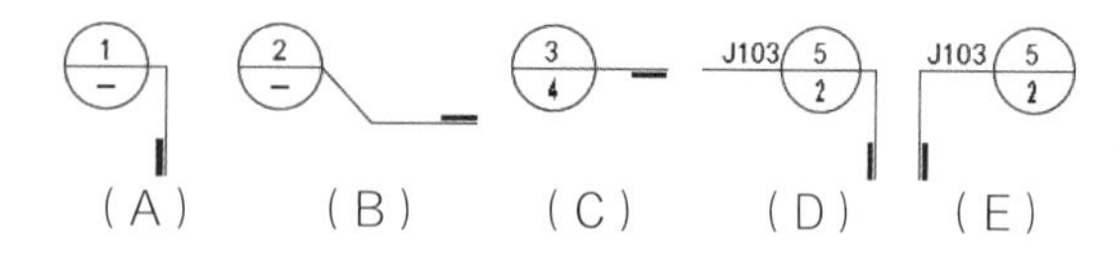

当索引符号用于索引剖视详图时，应在被剖切的部位绘制剖切位置线，并以引出线引出索引符号，引出线所在的一侧应为剖视方向。索引符号的编号应符合本标准的2.1规定。

（3）详图的位置和编号应以详图符号表示。详图符号的圆直径应为14mm，线宽为b。详图编号应符合下列规定。

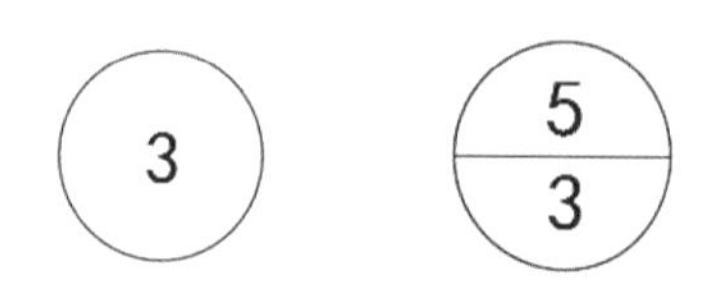

①当详图与被索引的图样在同一张图纸内时，应在详图符号内用阿拉伯数字或字母注明详图的编号。

②当详图与被索引的图样不在同一张图纸内，应用细实线在详图符号内画一水平直径，在上半圆中注明详图编号，在下半圆中注明被索引的图纸的编号。

3. 引出线

引出线线宽应为0.25b，宜采用水平方向的直线或与水平方向成30°、45°、60°、90°的直线，并经上述角度再折为水平线。

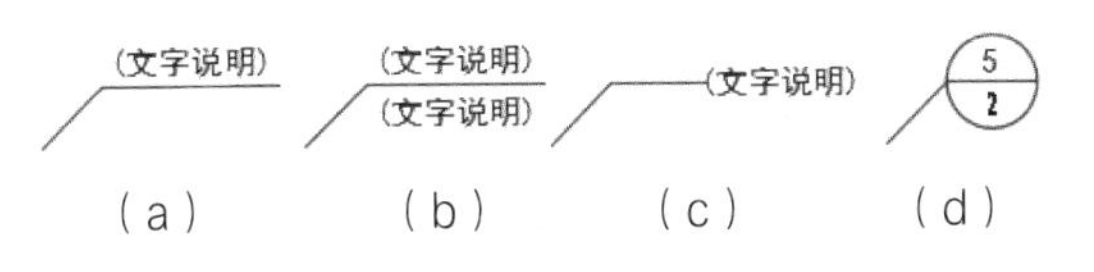

文字说明宜注写在水平线的上方（图a）、水平线的上方和下方（图b），也可注写在水平线的端部（图c）。索引详图的引出线，应与水平直径相连接（图d）。

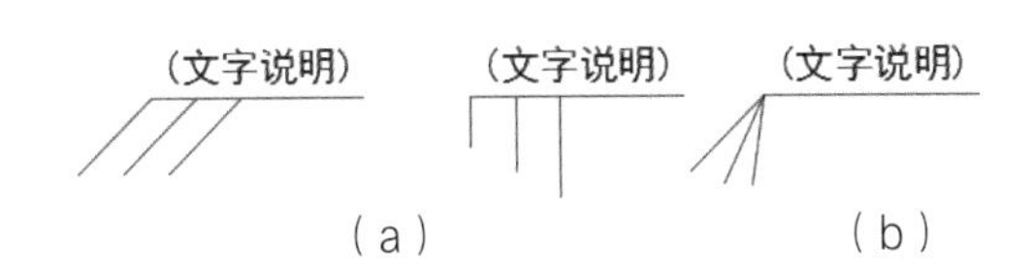

同时引出几个相同内容的引出线，宜互相平行，也可画成集中于一点的放射线。

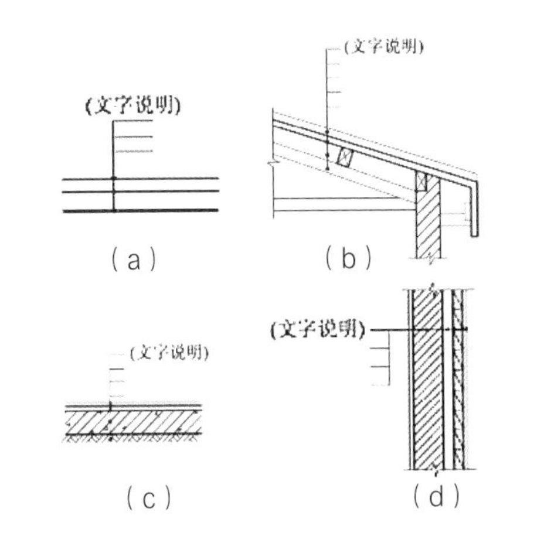

多层构造或多层管道共用引出线，应通过被引出的各层。文字说明宜注写在水平线的上方（图a），或注写在水平线的端部（图b），说明的顺序应由上至下，并应与被说明的层次相一致。

如层次为横向排序，则由上至下的说明顺序应与从左至右的层次相一致（图c、图d）。

4. 定位轴线

定位轴线应用0.25b线宽的单点长画线绘制。圆应用0.25b线宽的实线绘制，直径为8～10mm。定位轴线应用细单点长划线绘制。

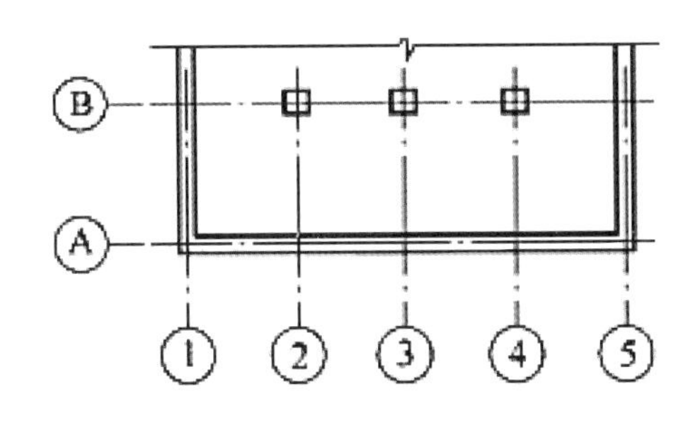

横向编号应用阿拉伯数字，从左至右顺序编写，竖向编号从下至上顺序编写。

英文字母I、O、Z不得用作轴线编号。

两根轴线间的附加轴线，应以分母表示前一轴线的编号，分子表示附加轴线的编号，编号宜用阿拉伯数字顺序编写。

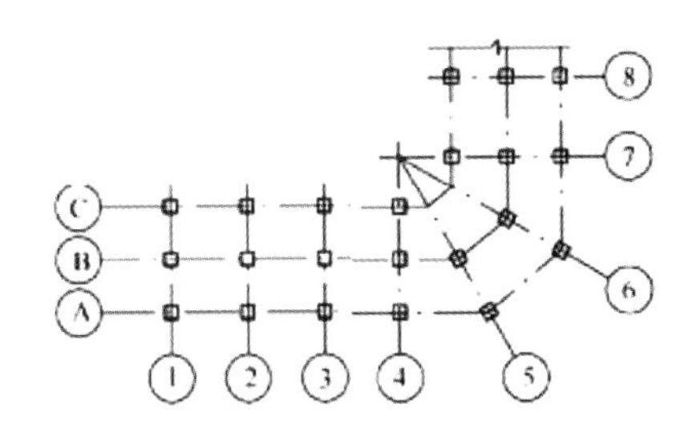

折线形平面图中定位轴线的编号。

六、尺寸标注

图样上的尺寸单位，除标高及总平面以m为单位表示外，其他必须以mm为单位表示。尺寸分为总尺寸、定位尺寸、细部尺寸三种。尺寸标注在图面左侧、下侧；尺寸线间隔一致，尺寸数字大小一致。

1. 尺寸界线、尺寸线及尺寸起止符号

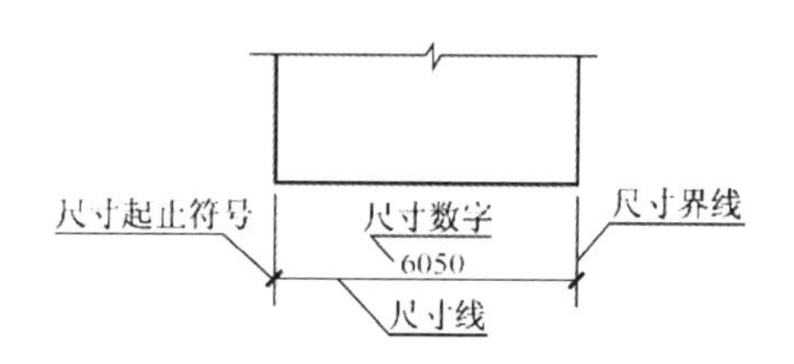

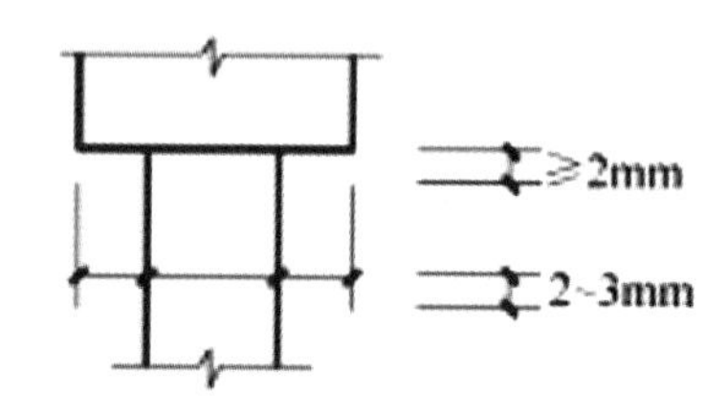

2. 尺寸数字

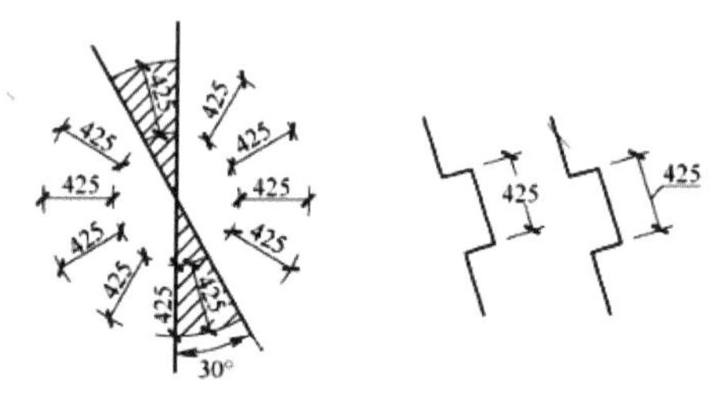

尺寸数字的注写方向

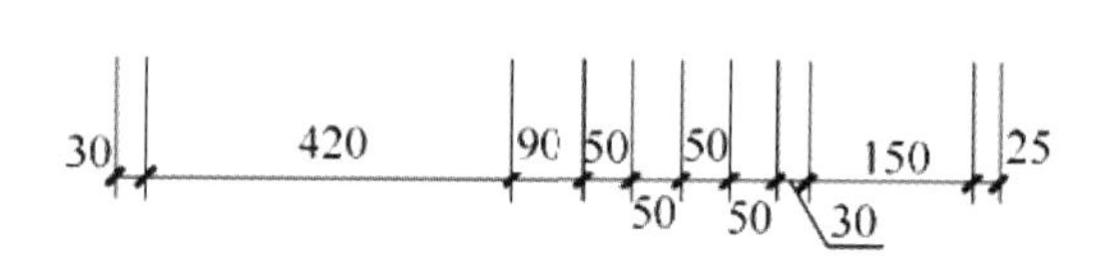

尺寸数字的注写位置

3. 半径、直径、弧的尺寸标注

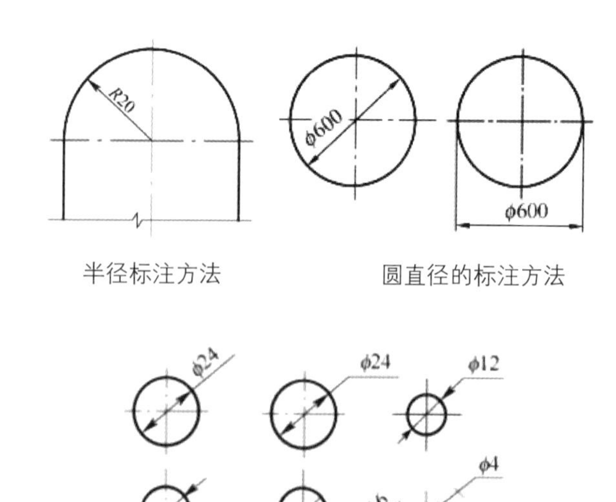

半径标注方法

圆直径的标注方法

小圆直径的标注方法

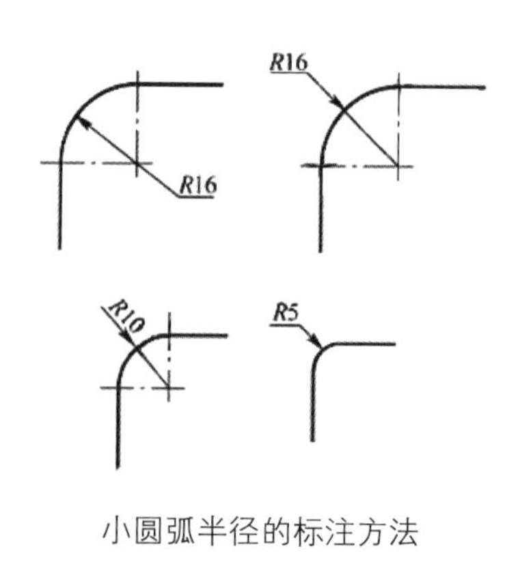

小圆弧半径的标注方法

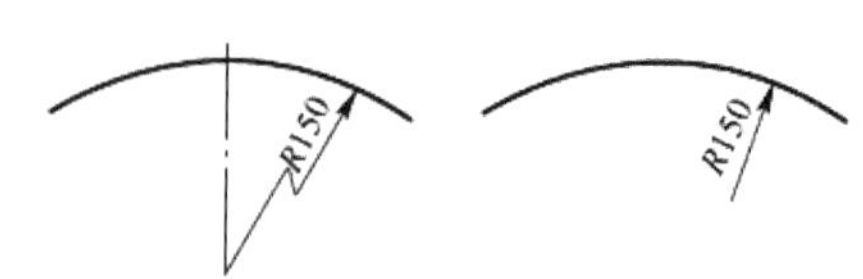

大圆弧半径的标注方法

4. 角度、弧长、弦长的标注

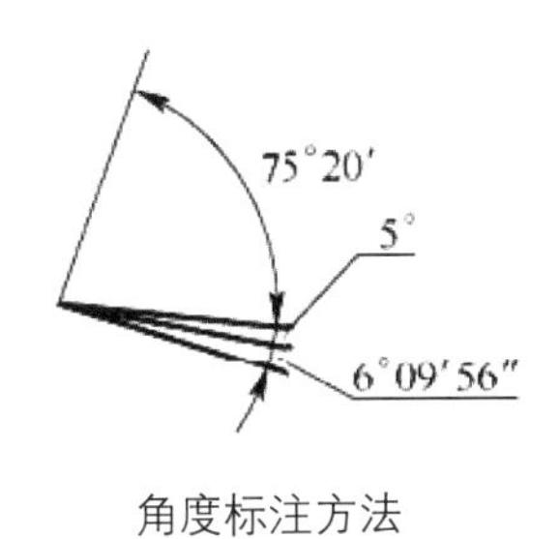

角度标注方法

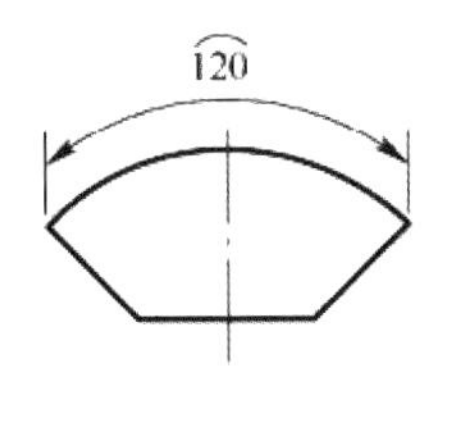

弧长标注方法

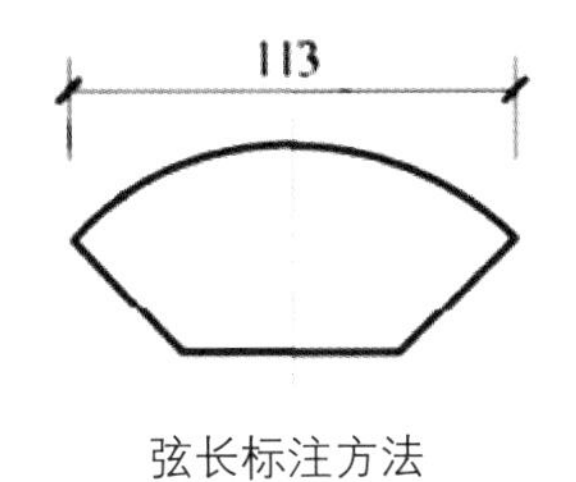

弦长标注方法

5. 薄板厚度、正方形、非圆曲线、坡度尺寸标注

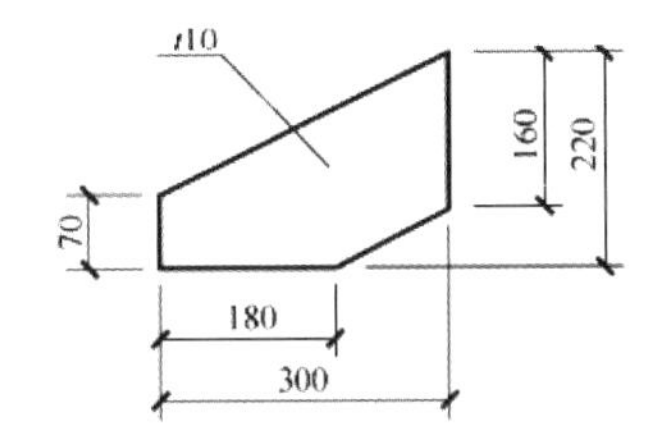

薄板厚度标注方法，加厚度符号“t”

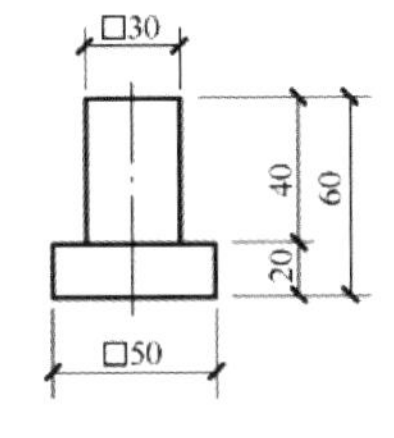

标注正方形尺寸可用“边长×边长”的形式或加符号“□”

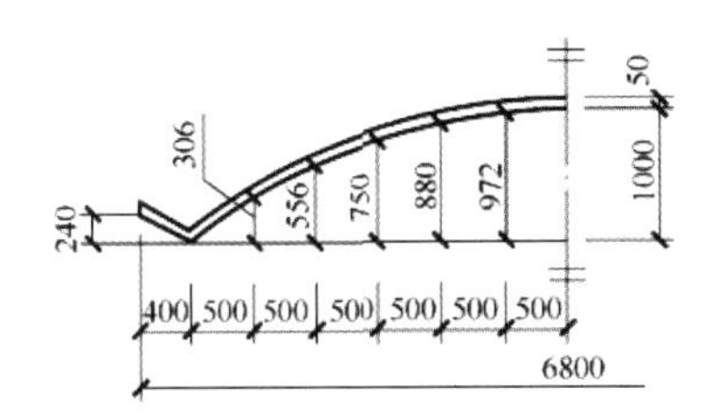

外形为非圆曲线的图形或构件，可用坐标形式标注尺寸

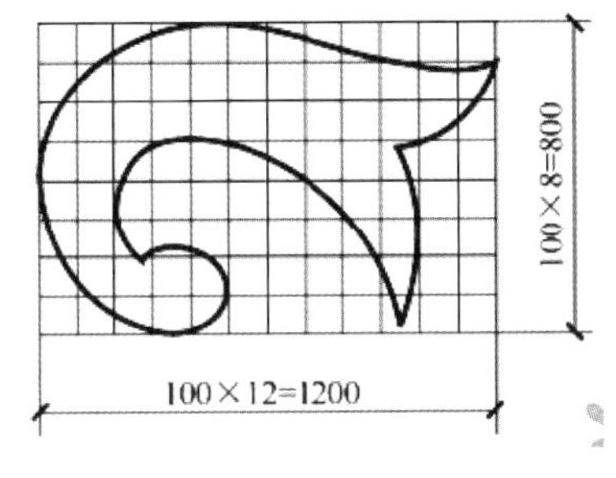

网格法标注非圆曲线尺寸标注方法

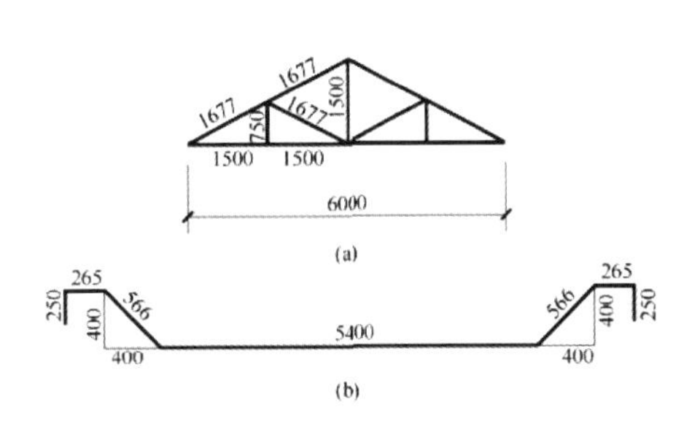

坡度尺寸标注方法

6. 标高

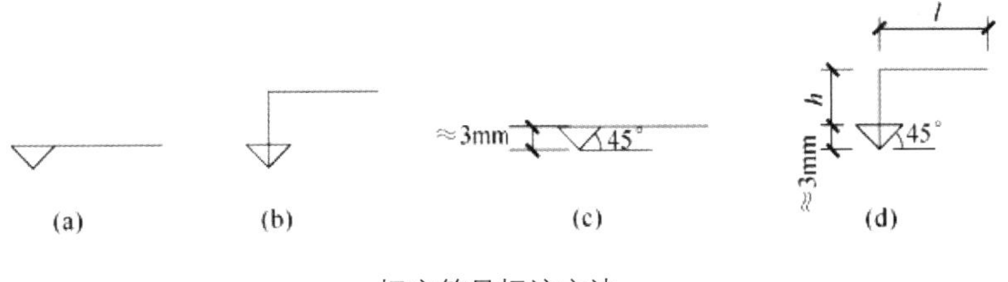

标高符号标注方法

七、图例

一般规定：图例线应间隔均匀，疏密适度，做到图例正确，表示清楚；不同品种的同类材料使用同一图例时（如某些石膏板必须注明是什么品种的石膏板），应在图上附加必要的说明；两个相同的图例相接时，图例线宜错开或使倾斜方向相反。

1. 常用材料图例

序号	名称	图例	备注
1	自然土壤		包括各种自然土壤
2	夯实土壤		—
3	砂、灰土		—
4	砂砾石、碎砖三合土		—
5	石材		—
6	毛石		—
7	实心砖、多孔砖		包括普通砖、多孔砖、混凝土砖等砌体
8	耐火砖		包括耐酸砖等砌体
9	空心砖、空心砌块		包括空心砖、普通或轻骨料混凝土、小型空心砌块等砌体
10	加气混凝土		包括加气混凝土砌块砌体、加气混凝土墙板及加气混凝土材料制品等
11	饰面砖		包括铺地砖、玻璃马赛克、陶瓷锦砖、人造大理石等
12	焦渣、矿渣		包括与水泥、石灰等混合而成的材料
13	混凝土		①包括各种强度等级、骨料、添加剂的混凝土 ②在剖面图上绘制表达钢筋时，不需绘制图例线 ③断面图形较小，不易绘制表达图例线时，可填黑或深灰（灰度宜70%）
14	钢筋混凝土		
15	多孔材料		包括水泥珍珠岩、沥青珍珠岩、泡沫混凝土、软木、蛭石制品等
16	纤维材料		包括矿棉、岩棉、玻璃棉、麻丝、木丝板、纤维板等
17	泡沫塑料材料		包括聚苯乙烯、聚乙烯、聚氨酯等多聚合物类材料
18	木材		①上图为横断面，左上图为垫木、木砖或木龙骨 ②下图为纵断面
19	胶合板		应注明为X层胶合板
20	石膏板		包括圆孔或方孔石膏板、防水石膏板、硅钙板、防火石膏板等
21	金属		①包括各种金属 ②图形较小时，可填黑或深灰（灰度宜70%）

续表

序号	名称	图例	备注	序号	名称	图例	备注
22	网状材料		①包括金属、塑料网状材料 ②应注明具体材料名称	25	橡胶		—
23	液体	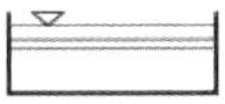	应注明具体液体名称	26	塑料		包括各种软、硬塑料及有机玻璃等
24	玻璃		包括平板玻璃、磨砂玻璃、夹丝玻璃、钢化玻璃、中空玻璃、夹层玻璃、镀膜玻璃等	27	防水材料		构造层次多或绘制比例大时，采用上面的图例
				28	粉刷		本图例采用较稀的点

2. 装饰构造图示

序号	名称	图例	说明	序号	名称	图例	说明
1	墙体		应加注文字或填充图例表示墙体材料，在项目设计图纸说明中列材料图例表给予说明	7	烟道		①阴影部分可以涂色代替适用于高差小于100mm的两个地面或楼面相接处 ②烟道与墙体为同一材料，其相接处墙身线应断开
2	平面高差		适用于高差小于100mm的两个地面或楼面相接处	8	通风道		
3	坡道		上图为长坡道，下图为门口坡道	9	应拆除的墙		—
4	检查孔		左图为可见检查孔，右图为不可见检查孔	10	在原有墙或楼板上新开的洞	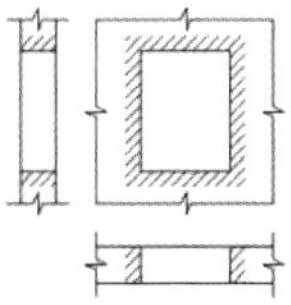	—
5	孔洞		阴影部分可以涂色代替	11	在原有洞旁扩大的洞	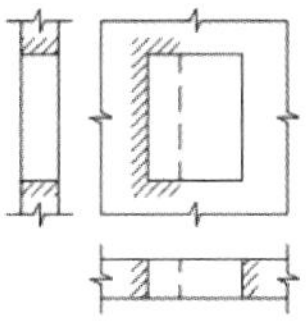	—
6	坑槽		—				

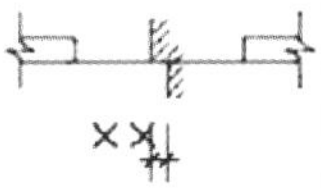

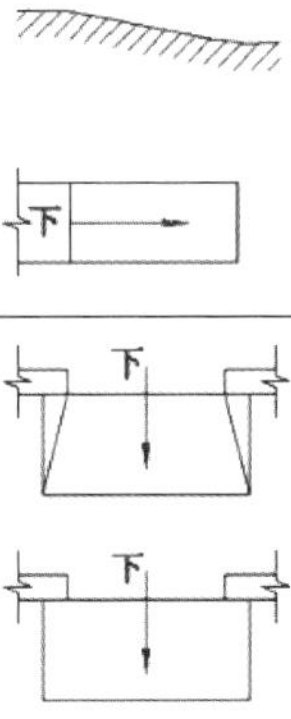

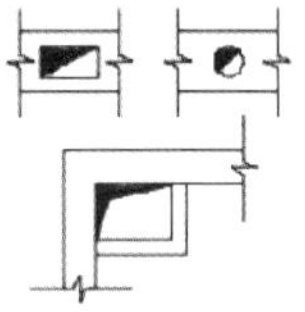

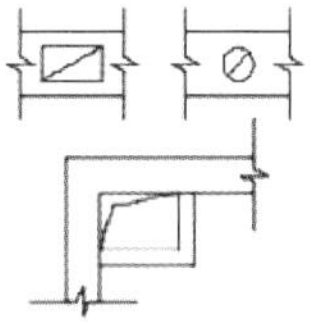

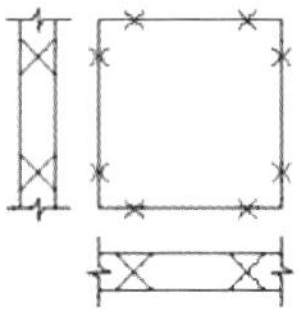

续表

序号	名称	图例	说明
12	在原有洞旁扩大的洞		—
13	在原有墙或楼板上局部填塞的洞		—
14	空门洞	h =	h为门洞高度
15	单扇门（包括平开或单面弹簧）		①门的名称代号用M ②图例中，剖面图所示左为外、右为内，平面图所示下为外、上为内 ③立面图上开启方向线交角的一侧为安装合页的一侧，实线为外开，虚线为内开 ④平面图上门线应90°或45°开启，开启弧线宜绘出 ⑤立面上的开启线在详图及室内设计图上应表示 ⑥立面形式应按实际情况绘制
16	双扇门（包括平开或单面弹簧）		
17	对开折叠门		
18	单扇双面弹簧门		①门的名称代号用M ②图例中，剖面图所示左为外、右为内，平面图所示下为外、上为内 ③立面图上开启方向线交角的一侧为安装合页的一侧，实线为外开，虚线为内开 ④平面图上门线应90°或45°开启，开启弧线宜绘出 ⑤立面上的开启线在详图及室内设计图上应表示 ⑥立面形式应按实际情况绘制
19	双扇双面弹簧门		
20	单扇内外开双层门（包括平开或单面弹簧）		
21	双扇内外开双层门（包括平开或单面弹簧）		
22	推拉门		①门的名称代号用M ②图例中，剖面图所示左为外、右为内，平面图下为外、上为内 ③立面形式应按实际情况绘制
23	自动门		

续表

序号	名称	图例	说明
24	转门	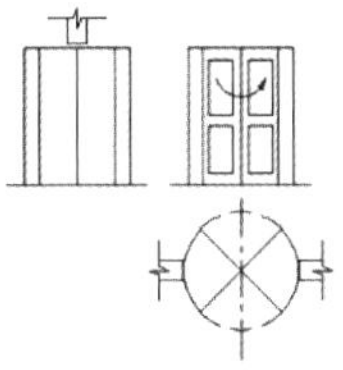	①门的名称代号用M ②图例中，剖面图所示左为外、右为内，平面图下为外、上为内 ③平面图上门线应90°或45°开启，开启弧线宜绘出 ④立面上的开启线在详图及室内设计图上应表示 ⑤立面形式应按实际情况绘制
25	折叠上翻门	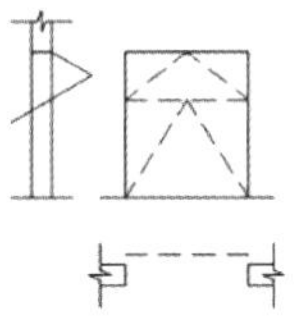	①门的名称代号用M ②图例中，剖面图所示左为外、右为内，平面图所示下为外、上为内 ③立面图上开启方向线交角的一侧为安装合页的一侧，实线为外开，虚线为内开 ④立面上的开启线在详图及室内设计图上应表示 ⑤立面形式应按实际情况绘制
26	竖向卷帘门	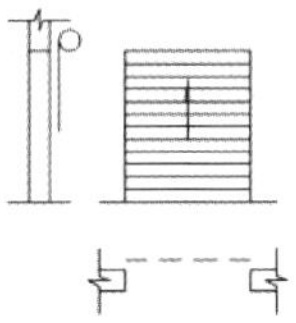	
27	横向卷帘门	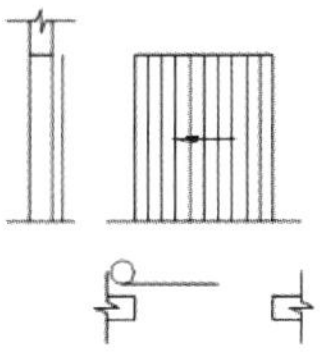	
28	提升门	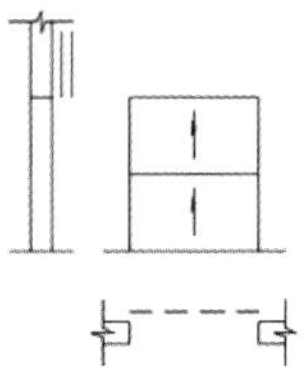	

序号	名称	图例	说明
29	单层固定窗	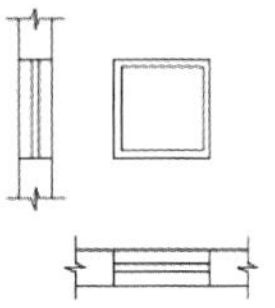	①窗的名称代号用C ②立面图中的斜线表示窗的开启方向，实线为外开，虚线为内开；开启方向线交角的一侧为安装合页的一侧 ③图例中，剖面图所示左为外、右为内，平面图所示下为外、上为内 ④窗的立面形式应按实际绘制 ⑤小比例绘图时平、剖面的窗线可用单粗实线表示
30	单层外开上悬窗	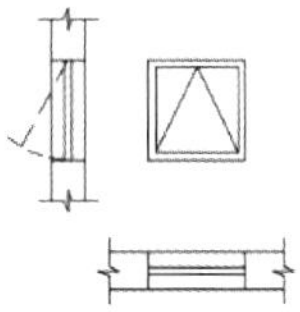	
31	单层中悬窗	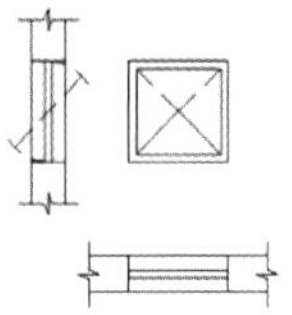	
32	单层平开窗	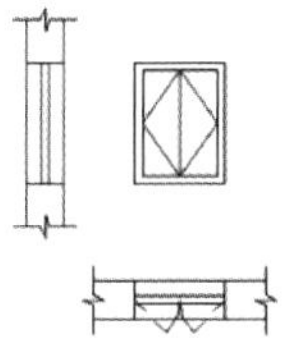	①窗的名称代号用C ②立面图中的斜线表示窗的开启方向，实线为外开虚线为内开；开启方向线交角的一侧为安装合页的一侧 ③图例中，剖面图所示左为外、右为内，平面图所示下为外、上为内 ④窗的立面形式应按实际绘制 ⑤小比例绘图时平、剖面的窗线可用单粗实线表示 ⑥h为窗底距本层楼地面的高度
33	单层内开窗	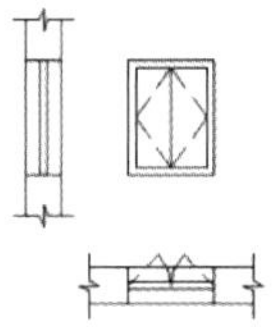	
34	推拉窗	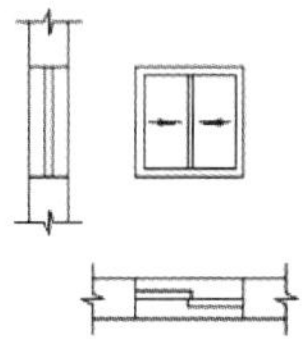	
35	高窗	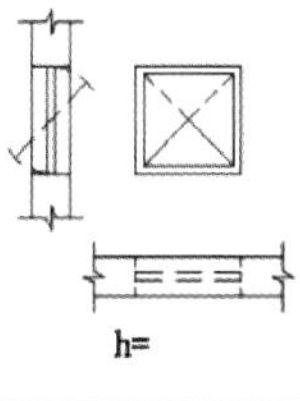 h=	

续表

序号	名称	图例	说明	序号	名称	图例	说明
36	轻钢龙骨石膏板吊顶	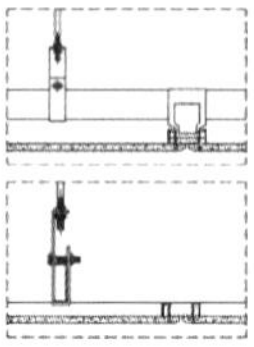	—	40	金属方格吊顶	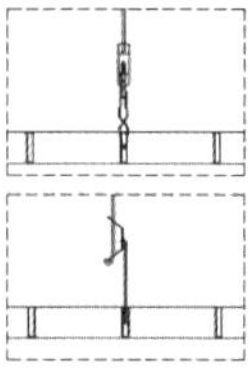	—
37	明架式矿棉吸音板吊顶	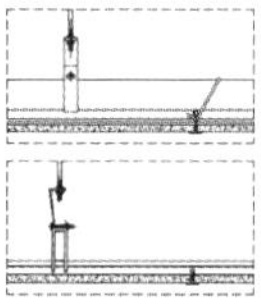	—	41	金属条板吊顶	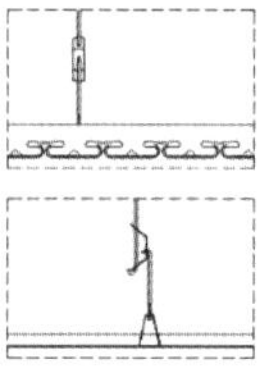	—
38	暗架式矿棉吸声板吊顶	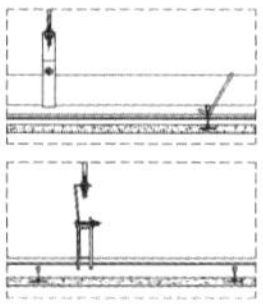	—	42	金属插片吊顶	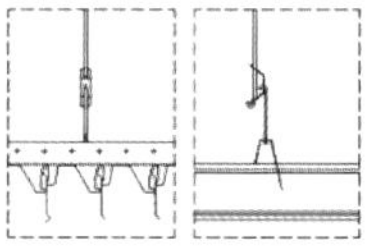	—
39	明架式矿棉吸声板单层吊顶	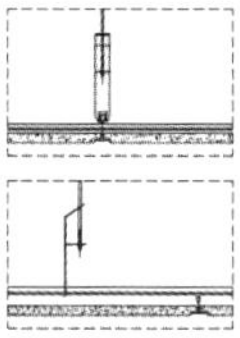	—	43	轻钢龙骨石膏板隔墙	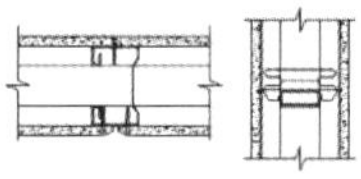	—

注：序号1、2、5、7、8、9、10、13、15、16、18、22、24、25、26、27、30、33、34、35、36、39图例中的斜线、短斜线、交叉斜线等一律为45°。

3. 常用卫生设备及水池图例

序号	名称	图例	序号	名称	图例
1	立式脸盆	 平面 正立面 侧立面	3	挂式脸盆	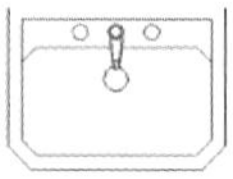 平面
2	台式脸盆	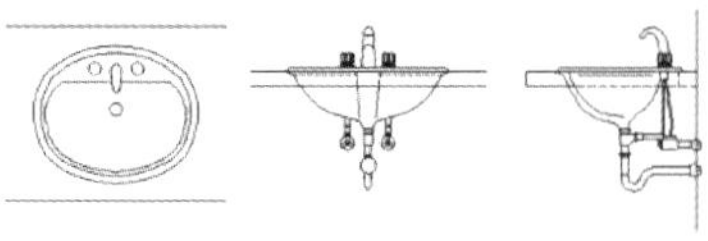 平面 正立面 侧立面	4	浴缸	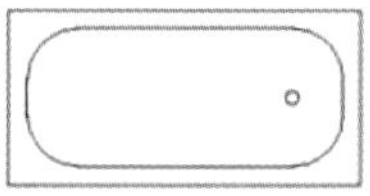 平面  正立面  侧立面

续表

序号	名称	图例	序号	名称	图例
5	冲淋房	平面 正立面	12	立式小便器	平面 正立面 侧立面
6	冲淋盆	平面 正立面	13	壁挂式小便器	平面 正立面 侧立面
7	化验室洗涤盆		14	蹲式大便器	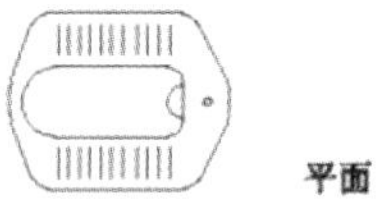 平面
8	带沥水板洗涤盆		15	坐式大便器	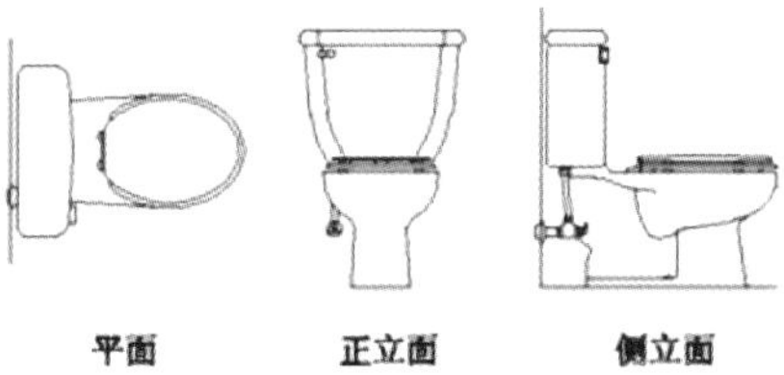 平面 正立面 侧立面
9	盥洗槽				
10	污水池		16	小便槽	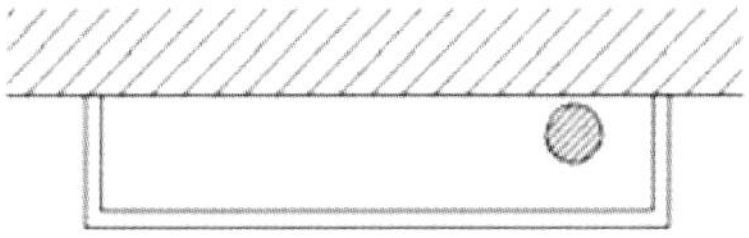
11	妇女卫生盆	平面 正立面 侧立面	17	淋浴喷头	 平面 立面

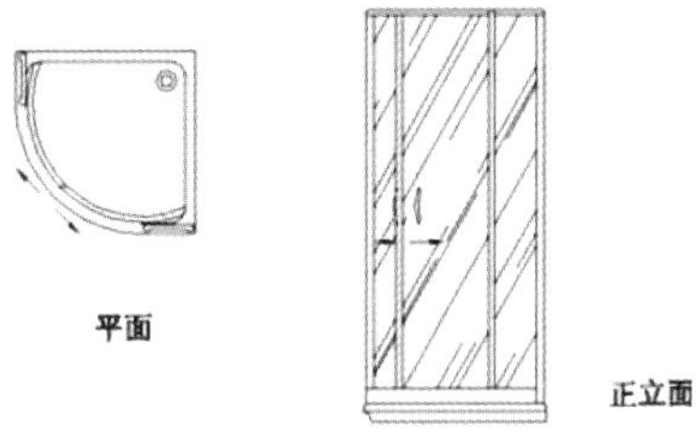

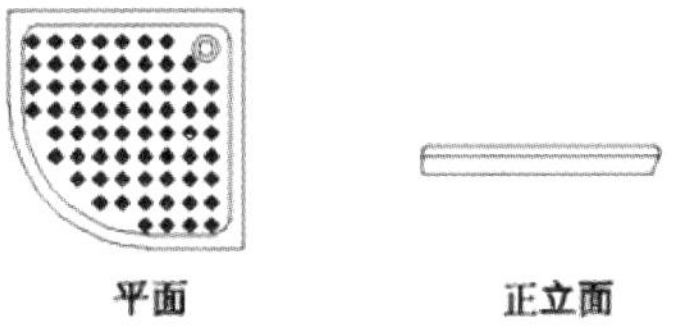

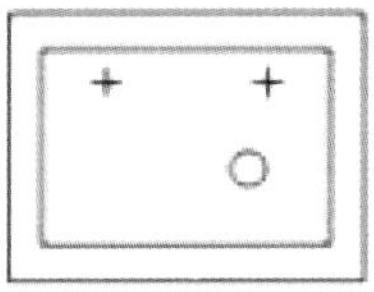

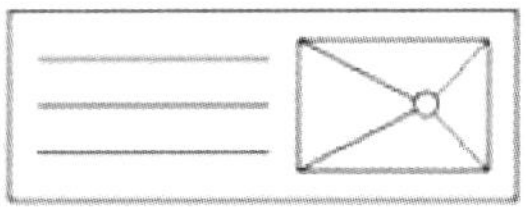

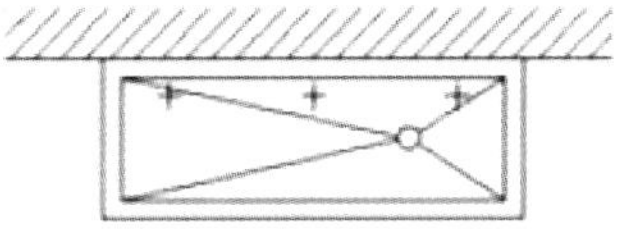

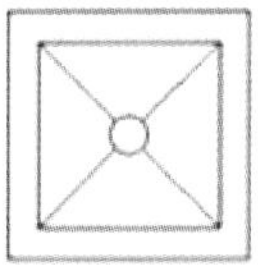

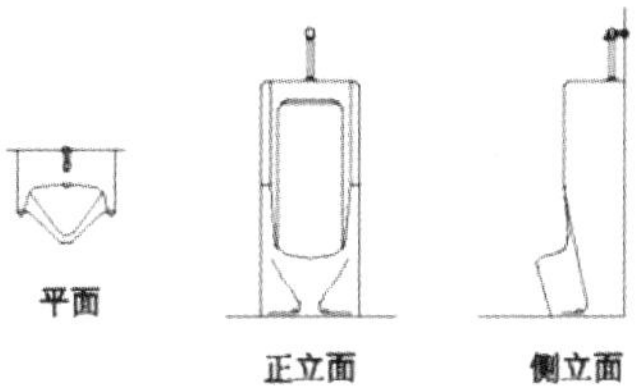

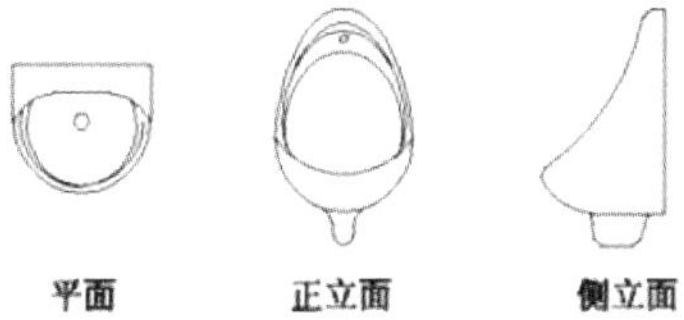

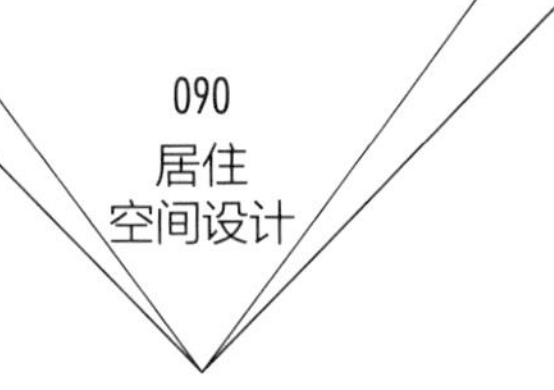

4. 常用给排水图例

序号	名称	图例	序号	名称	图例
1	生活给水管	—— J ——	9	方形地漏	
2	热水给水管	—— RJ ——	10	洗衣机插口地漏	
3	生活回水管	—— RH ——	11	毛发聚集器	平面　系统
4	中水给水管	—— ZJ ——	12	存水弯	
5	排水明沟	坡向	13	闸阀	
6	排水暗沟	坡向	14	角阀	
7	通气帽	成品　铅丝球	15	截止阀	
8	圆形地漏				

5. 常用灯光照明图例

序号	名称	图例	序号	名称	图例
1	艺术吊顶		8	格栅射灯	
2	吸顶灯		9	300mm×1200mm日光灯 灯管以虚线表示	
3	射墙灯		10	600mm×600mm日光灯	
4	冷光筒灯（注明）		11	暗灯槽	
5	暖光筒灯（注明）		12	壁灯	
6	射灯		13	水下灯	
7	导轨射灯		14	踏步灯	

6. 常用消防、空调、弱电图例

序号	名称	图例	备注	序号	名称	图例	备注
1	条型风口		—	16	电视器件箱		电视局定产品
2	回风口		—	17	电视接口	TV	暗装，高地0.3m
3	出风口		—	18	卫星电视出线座	SV	暗装，高地0.3m
4	检修口		—	19	音响出线座	M	暗装，高地0.3m
5	排气扇		—	20	音响系统分线盒	M	置视听柜内
6	消防出口	EXTT	—	21	电脑分线箱	HUB	暗装，除图中注明外底边高地1.0m，型号规格见系统图
7	消火栓	HR	—				
8	喷淋		—	22	红外双鉴探头		由承建商安装，墙上座装，距顶0.2m
9	侧喷淋		—	23	扬声器		—
10	烟感	S	—	24	吸顶式扬声器		型号、规格业主定
11	温感	W	—	25	音量控制器		由扬声器配套购买，高地1.3m
12	监控头		—	26	可视对讲室内主机	T	由承建商安装，高地1.5m
13	防火卷帘	F	—	27	可视对讲室外主机		由承建商安装，高地1.5m
14	电脑接口	C	—				
15	电话接口	T	暗装，高地0.3m，卫生间1.0m，厨房1.5m	28	弱点过路接线盆	R	安置在墙内，高地0.3m，平面图中的数量根据穿线要求定

7. 常用开关、插座图例

序号	名称	图例	备注	序号	名称	图例	备注
1	插座面板（正立面）		—	13	二三极扁圆插座（高功率）	H	暗装，高地2.0m
2	电话接口（正立面）		—	14	带开关二三极插座		暗装，高地1.3m
3	电视接口（正立面）		—	15	普通型三极插座		暗装，高地2.0m，供空调用电
4	单联开关（正立面）		—	16	防溅二三极插座		暗装，高地1.3m
5	双联开关（正立面）		—	17	带开关防溅二三极插座		暗装，高地1.3m
6	三联开关（正立面）		—	18	三相四极插座		暗装，高地0.3m
7	四联开关（正立面）		—	19	单联单控翘板开关		暗装，高地1.3m
8	地插座（平面）		—	20	双联单控翘板开关		暗装，高地1.3m
9	二极扁圆插座		暗装，高地2.0m，供排气扇用	21	三联单控翘板开关		暗装，高地1.3m
10	二三极扁圆插座		暗装，高地1.3m	22	四联单控翘板开关		暗装，高地1.3m
11	二三极扁圆地插座		带盖地装插座	23	声控开关		暗装，高地1.8m
12	二三极扁圆插座（带火线）	L	暗装，高地0.3m				

续表

序号	名称	图例	备注	序号	名称	图例	备注
24	单联双控翘板开关		暗装，高地1.3m	28	配电箱	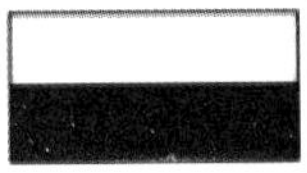	除图中注明外底边高地1.6m，型号、规格见系统图
25	双联双控翘板开关		暗装，高地1.3m	29	弱电综合分线箱	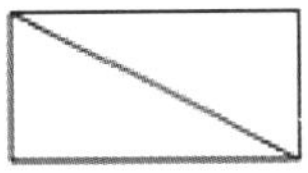	暗装，除图中注明外底边高地0.5m，型号、规格见系统图
26	三联双控翘板开关		暗装，高地1.3m	30	电话分线箱		暗装，除图中注明外底边高地1.0m，型号、规格见系统图
27	四联双控翘板开关		暗装，高地1.3m				

注：1. 参考《广东省建筑装饰装修制图标准》。

2. 参考《房屋建筑制图统一标准》GB/T 50001—2017，《总图制图标准》GB/T 50103—2010，《建筑制图标准》GB/T 50104—2010，《建筑结构制图标准》GB/T 50105—2010，《建筑给水排水制图标准》GB/T 50106—2010，《暖通空调制图标准》GB/T 50114—2010。

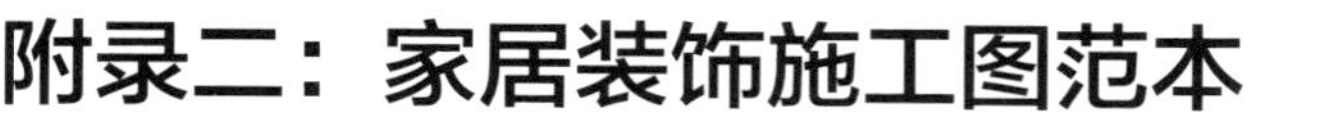

附录二：家居装饰施工图范本

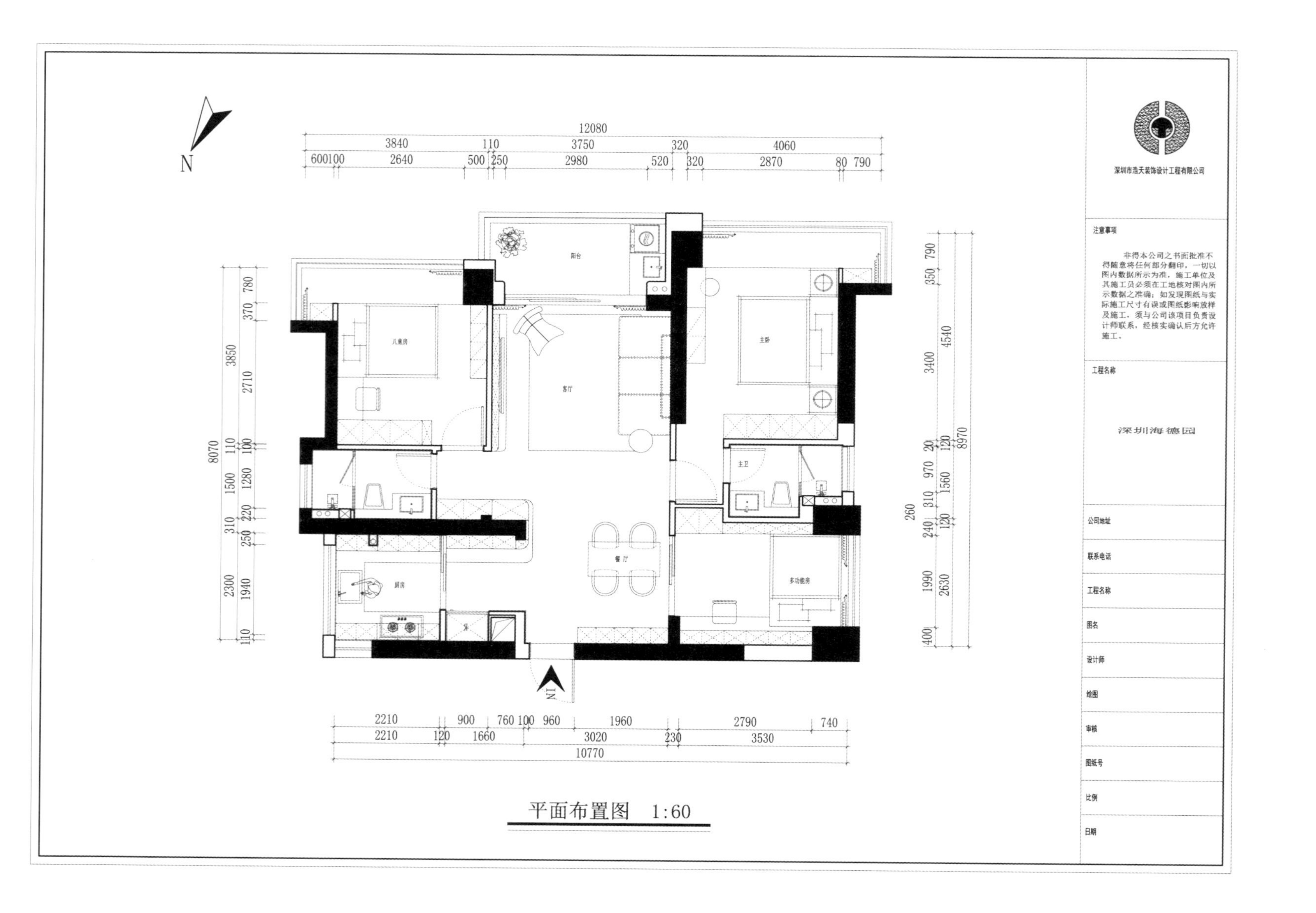

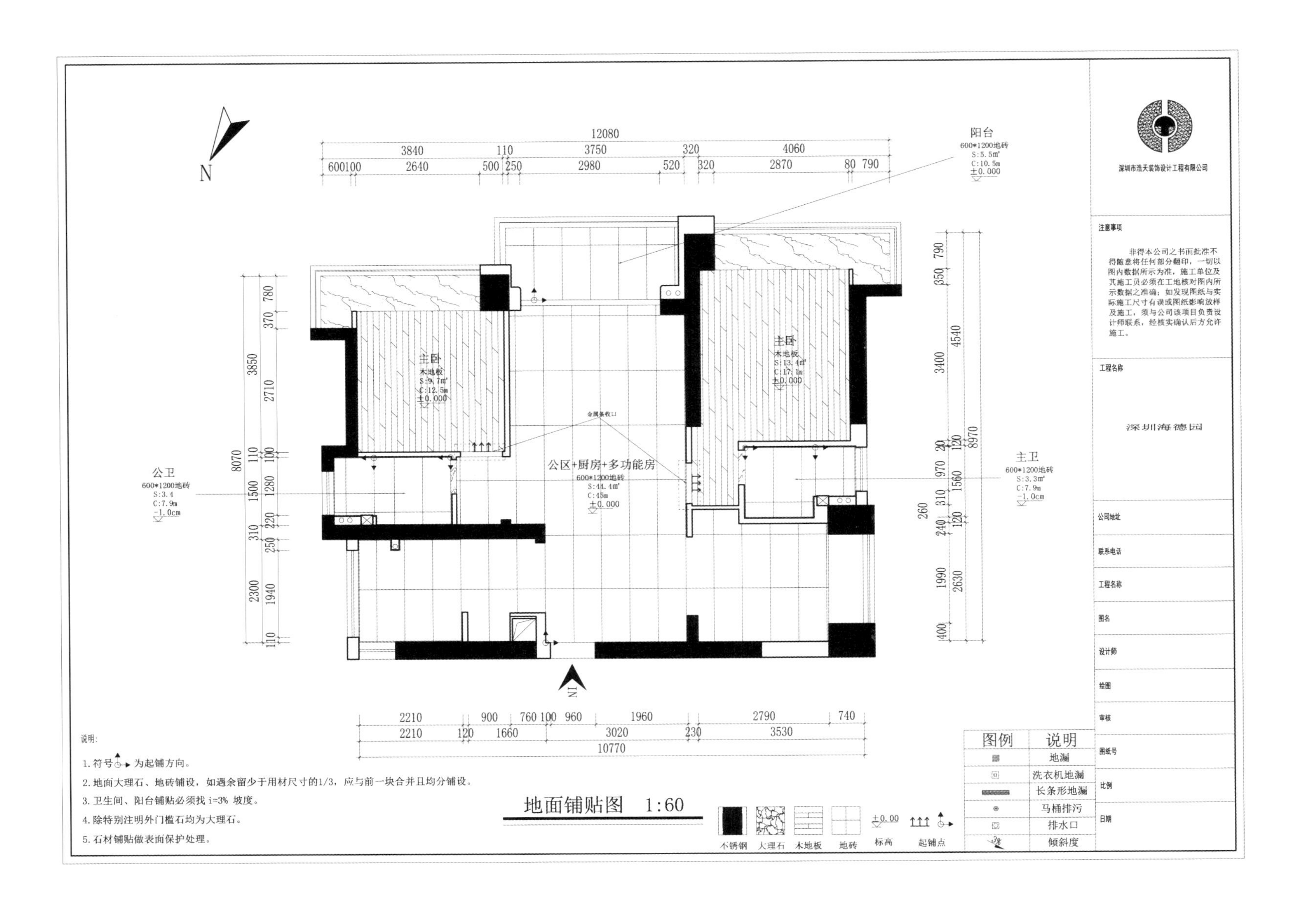
深圳市浩天装饰设计工程有限公司
注意事项
非得本公司之书面批准不得随意将任何部分翻印，一切以图内数据所示为准，施工单位及其施工员必须在工地核对图内所示数据之准确；如发现图纸与实际施工尺寸有误或图纸影响放样及施工，须与公司该项目负责设计师联系，经核实确认后方允许施工。
工程名称
深圳海德园
公司地址
联系电话
工程名称
图名
设计师
绘图
审核
图纸号
比例
日期
阳台
600*1200地砖
S:5.5m²
C:10.5m
±0.000
主卧
木地板
S:9.7m²
C:12.5m
±0.000
主卧
木地板
S:13.4m²
C:17.1m
±0.000
公区+厨房+多功能房
600*1200地砖
S:44.4m²
C:45m
±0.000
公卫
600*1200地砖
S:3.4
C:7.9m
-1.0cm
主卫
600*1200地砖
S:3.3m²
C:7.9m
-1.0cm
金属条收口
图例 说明
地漏
洗衣机地漏
长条形地漏
马桶排污
排水口
倾斜度
地面铺贴图 1:60
不锈钢
大理石
木地板
地砖
标高
起铺点
说明：
1. 符号 为起铺方向。
2. 地面大理石、地砖铺设，如遇余留少于用材尺寸的1/3，应与前一块合并且均分铺设。
3. 卫生间、阳台铺贴必须找 i=3% 坡度。
4. 除特别注明外门槛石均为大理石。
5. 石材铺贴做表面保护处理。

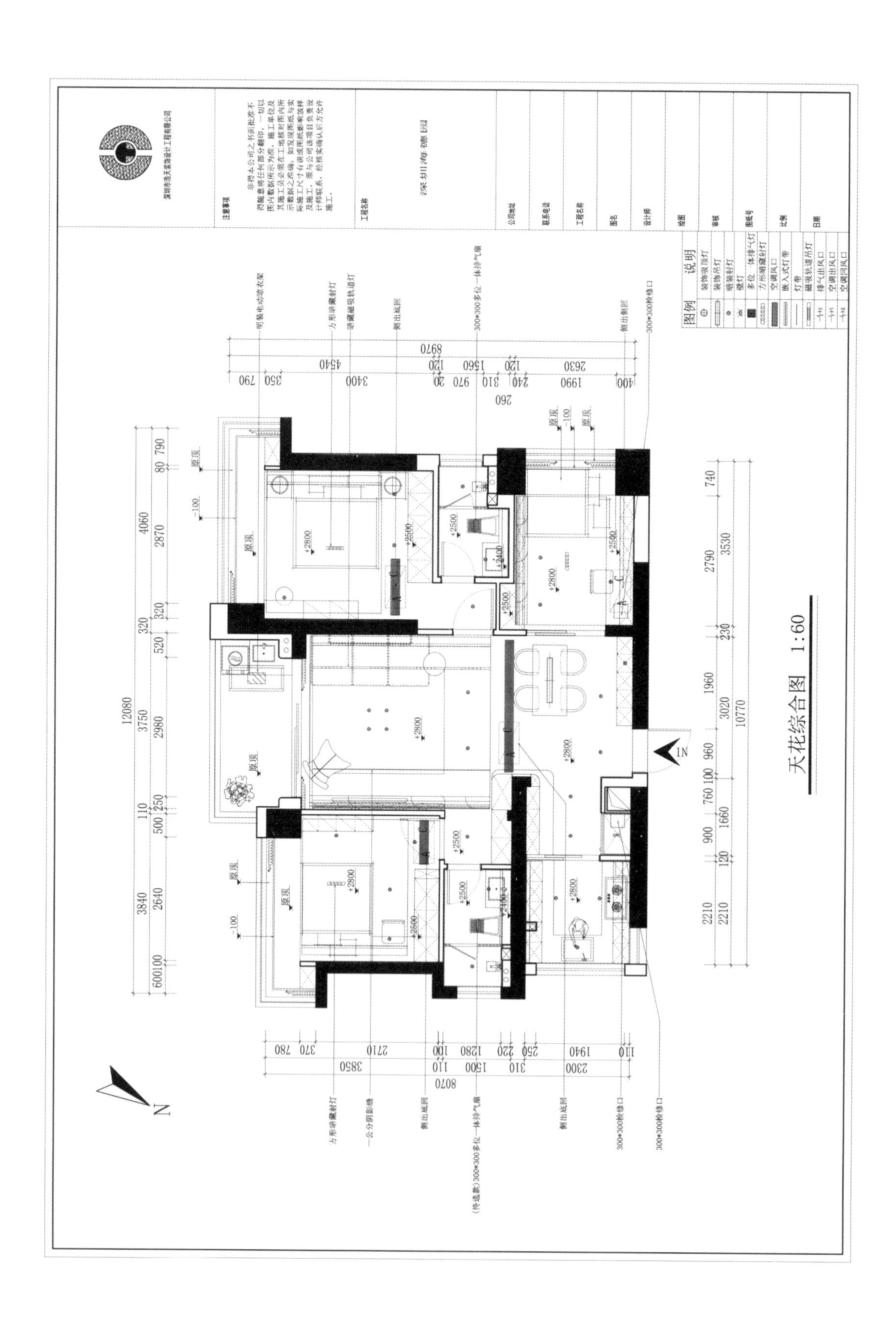
天花综合图 1:60

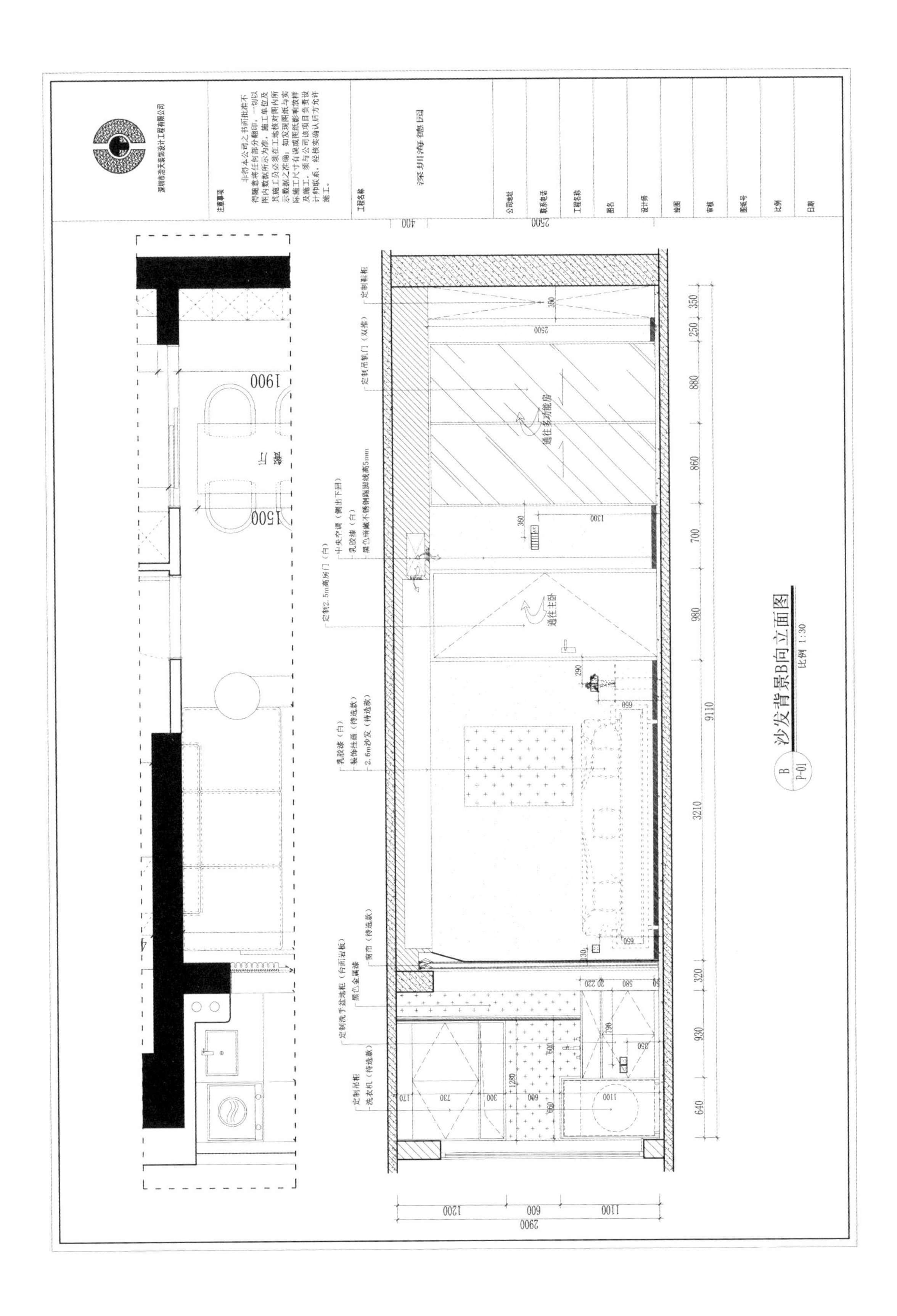
沙发背景B向立面图
比例 1:30
B
P-01
通往主卧
通往多功能房
9110
2900

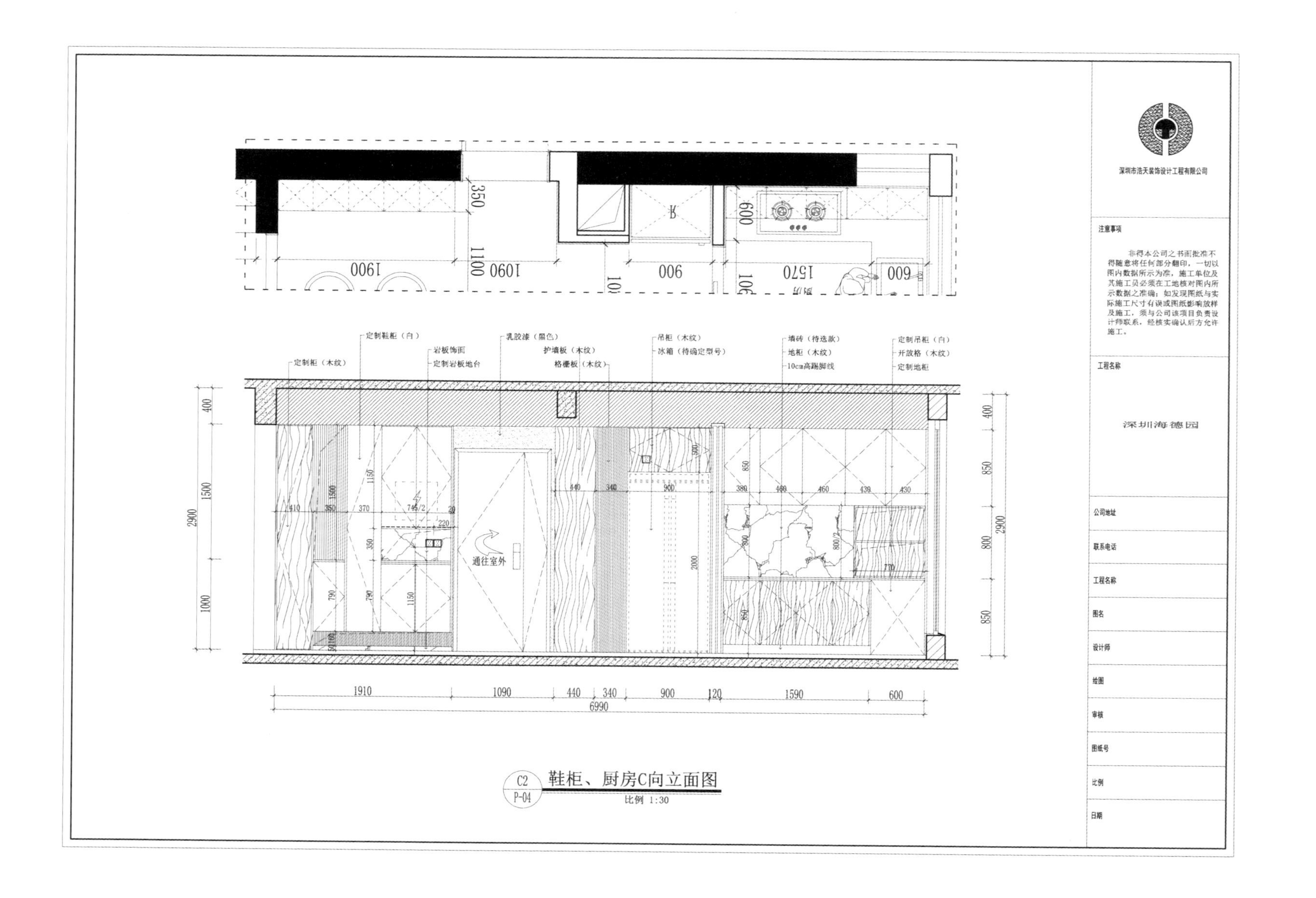
深圳市浩天装饰设计工程有限公司
注意事项
非得本公司之书面批准不得随意将任何部分翻印，一切以图内数据所示为准，施工单位及其施工员必须在工地核对图内所示数据之准确；如发现图纸与实际施工尺寸有误或图纸影响放样及施工，须与公司该项目负责设计师联系，经核实确认后方允许施工。
工程名称
深圳海德园
公司地址
联系电话
工程名称
图名
设计师
绘图
审核
图纸号
比例
日期
定制柜（木纹）
定制鞋柜（白）
岩板饰面
定制岩板地台
乳胶漆（黑色）
护墙板（木纹）
格栅板（木纹）
吊柜（木纹）
冰箱（待确定型号）
墙砖（待选款）
地柜（木纹）
10cm高踢脚线
定制吊柜（白）
开放格（木纹）
定制地柜
通往室外
鞋柜、厨房C向立面图
比例 1:30

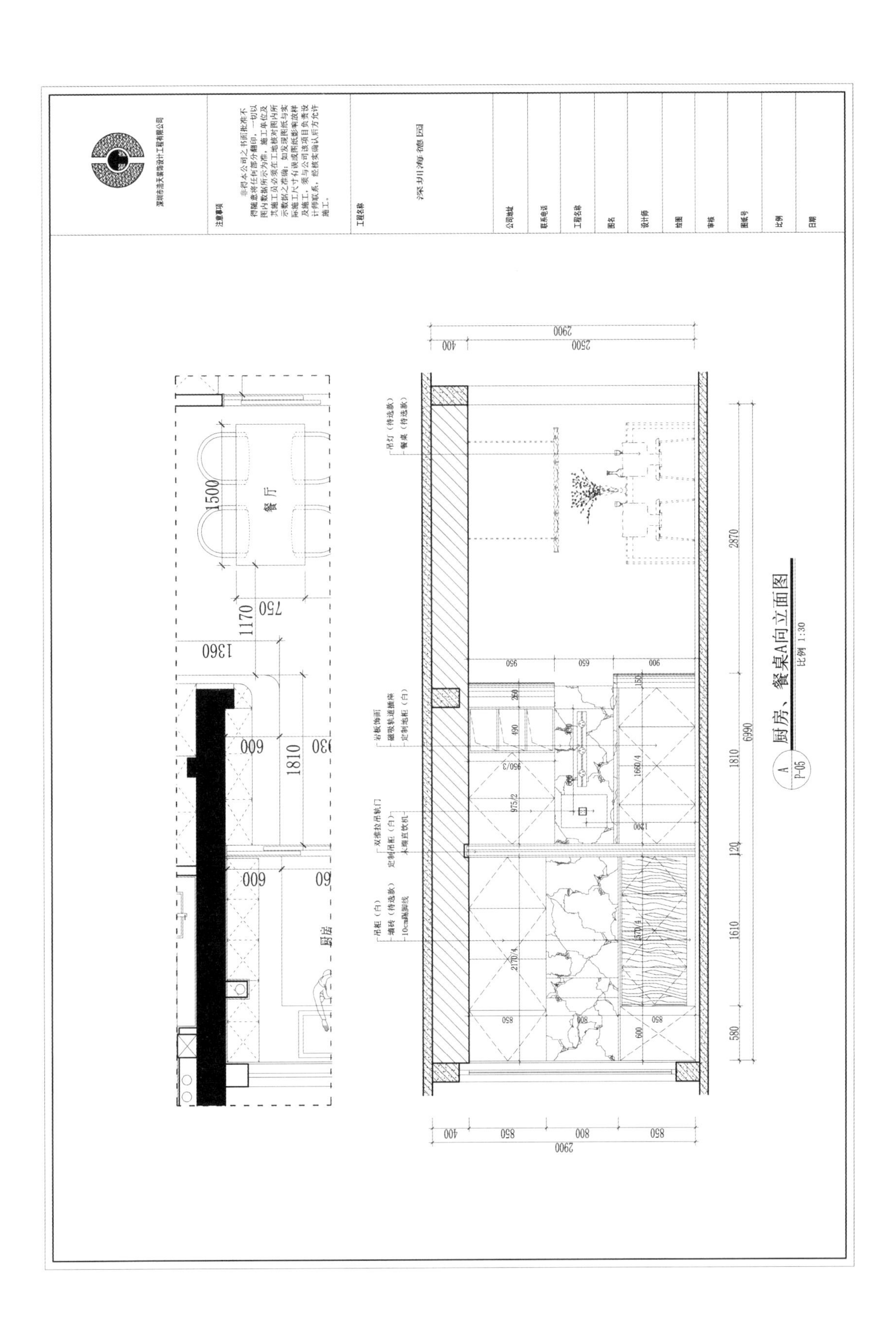
餐厅
厨房
厨房、餐桌A向立面图
比例 1:30
2900
6990

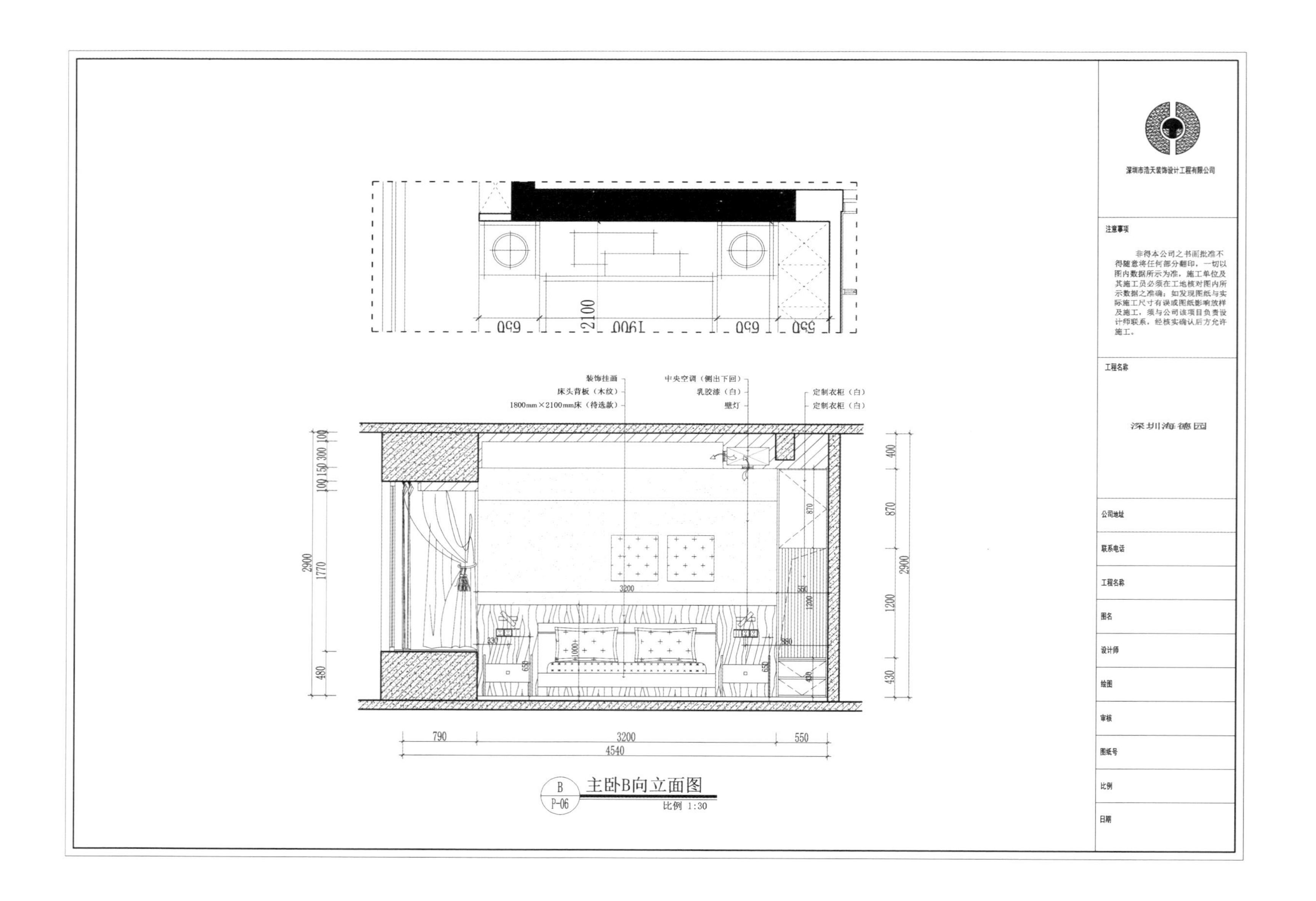
装饰挂画
床头背板（木纹）
1800mm×2100mm床（待选款）
中央空调（侧出下回）
乳胶漆（白）
壁灯
定制衣柜（白）
定制衣柜（白）
深圳市浩天装饰设计工程有限公司
注意事项
非得本公司之书面批准不得随意将任何部分翻印，一切以图内数据所示为准，施工单位及其施工员必须在工地核对图内所示数据之准确；如发现图纸与实际施工尺寸有误或图纸影响放样及施工，须与公司该项目负责设计师联系，经核实确认后方允许施工。
工程名称
深圳海德园
公司地址
联系电话
工程名称
图名
设计师
绘图
审核
图纸号
比例
日期
主卧B向立面图
比例 1:30

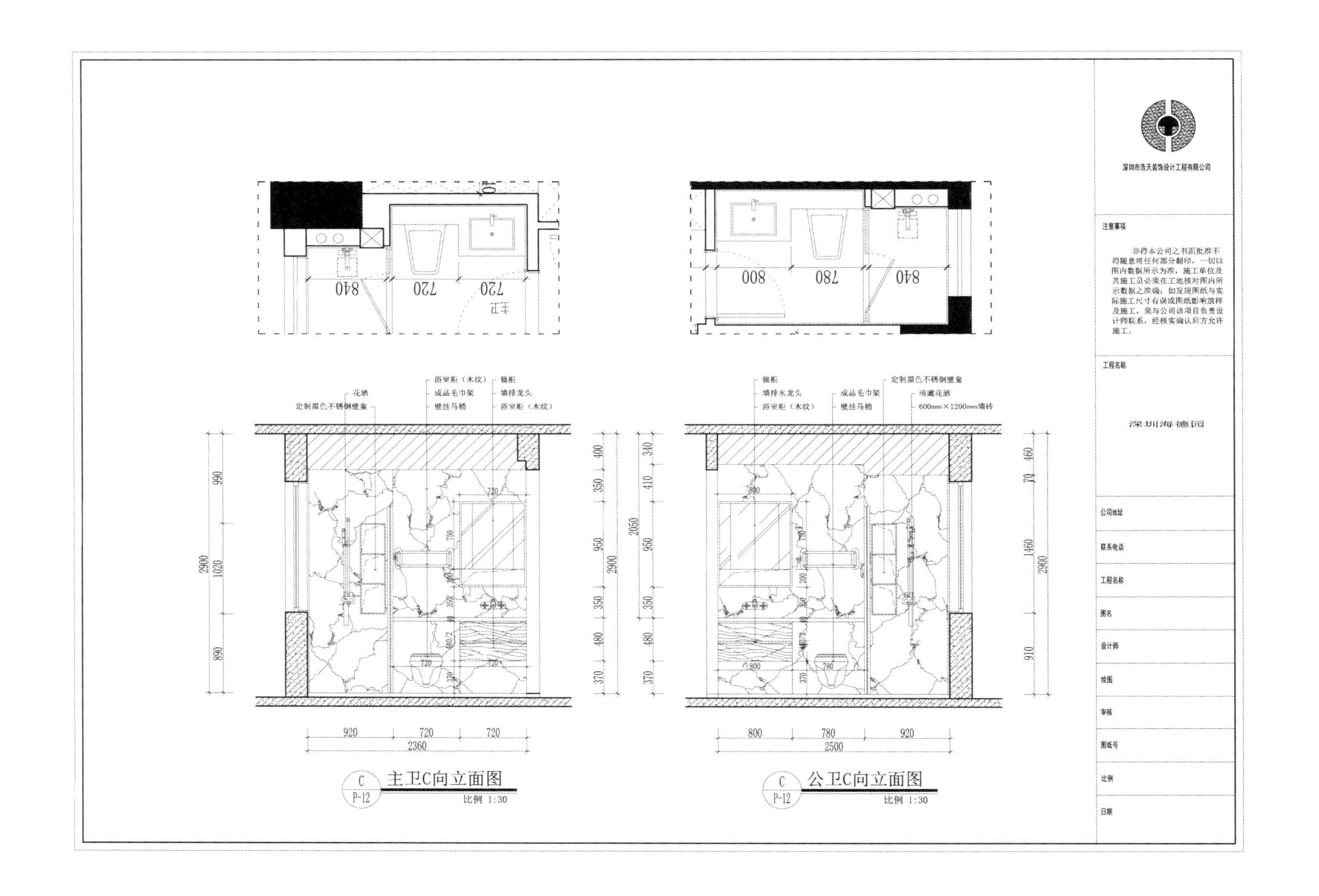
公卫C向立面图
比例 1:30
主卫C向立面图
比例 1:30

附录三：居住空间设计常用人体工学尺寸（单位：mm）

一、墙面

1. 墙裙线高800～1500
2. 踢脚板高80～200
3. 挂镜线高1600～1800（中心距地面高度）

二、厨房

1. 厨房：操作台宽610～690，高870～910
2. 吊柜底高1450
3. 吊柜与案台间距450～560
4. 水池与拐角案台间距>300
5. 水池与炉灶间距530～760
6. 水池与冰箱间距450～680
7. 水池宽450～810
8. 冰箱：宽600，厚660，高1400～1700
9. 洗衣机：宽690，厚720
10. （冰箱）A+（水池）B+（炉灶）C=3.6～6.7m

三、卫浴

1. 卫生间面积：3～5m^2
2. 浴缸：长度一般有三种1220，1520，1680；宽720，高450
3. 坐便器：750×350；活动区：前610，左右300～450
4. 冲洗器：690×350
5. 漱洗盆：550×410
6. 淋浴器高2100
7. 化妆台：长1350，宽450，高600
8. 化妆镜高1500～1600

四、起居

1. 木隔间墙厚60～100；内角材排距：长度（450～600）×900
2. 单人床：宽900，1050，1200；长1800，1860，2000，2100
3. 双人床：宽1350，1500，1800；长1800，1860，2000，2100
4. 圆床：直径1860，2120，2420（常用）
5. 衣橱：深600～650；衣橱门宽400～650
6. 活动未及顶高柜：深450，高1800～2000
7. 矮柜深350～450
8. 电视柜：深450～600，高600～700
9. 躺椅：长1520～1720（男），1370～1570（女）；搁脚高350～430
10. 单人式沙发：长800～950，深850～900；坐垫高350～420；背高700～900
11. 双人式沙发：长1260～1500；深800～900
12. 三人式沙发：长1750～1960；深800～900
13. 四人式沙发：长2320～2520；深800～900
14. 小型茶几：长方形，长600～750，宽450～600，高308～500（308最佳）
15. 中型茶几：长方形，长1200～1350；宽380～500或600～750；正方形，长750～900，高430～500
16. 大型茶几：长方形，长1500～1800，宽600～800，高330～420（330最佳）；圆形，直径750，900，1050，1200，高330～420；方形，宽900，1050，1200，1350，1500，高330～420

17. 沙发与茶几间距：400～450；760～910（通行）

18. 固定式书桌：深450～700（600最佳），高750

19. 活动式书桌：深650～800，高750～780

书桌下缘离地至少高580；长最少900（1500～1800最佳）

20. 书架：深250～400（每一格），长600～1200；下大上小型，下方深350～450，高800～900

21. 空调：（挂式）宽800～900，高250～350，厚190～220；（柜式）宽450～590，高1680～1850，厚220～440

22. 窗帘盒：高120～180；深度，单层布120，双层布160～180（实际尺寸）

五、餐厅

1. 餐桌：高750～780（一般），西式高680～720，一般方桌宽1200，900，750

2. 餐椅：座高450～500，靠背高380～480，宽440，深380

3. 圆桌直径：二人600，三人800，四人900，五人1100，六人1100～2500，八人1300，十人1500，十二人1800

4. 方餐桌尺寸：二人700×850，四人1350×850，八人2250×850

5. 餐桌转盘尺寸700～800

6. 餐桌前后间距（其中座椅占500）应大于500

7. 主通道宽1200～1300，服务通道宽910

8. 内部工作通道宽600～900

9. 酒吧吧台高900～1050，宽500

10. 酒吧吧凳高600～750

11. 座椅与餐桌间活动区宽760～910（含椅450～610）

12. 平行餐桌间距2440～2740（含两椅450～610）

六、交通

1. 楼梯间阳台净空高≥2100

2. 楼梯梯跑净空高≥2300

3. 楼梯扶手高850～1100

4. 客房走廊高≥2400

5. 两侧设座的综合式走廊宽度≥2500

6. 门：宽800～1000；高1900，2000，2100，2200，2400

7. 推拉门：宽750～1500，高1900～2400

8. 窗：宽400～1800（不包括组合式窗子）

9. 窗台高800～1200

七、灯具

1. 大吊灯最小高度：2400（>2100）

2. 卧室吊灯直径：250～450

3. 筒灯直径：100～250

4. 壁灯高1500～1800

5. 壁式床头灯高1200～1400

6. 反光灯槽最小直径：等于或大于灯管直径的两倍

7. 照明开关高1000

八、办公

1. 办公桌：长1200～1600，宽500～650，高700～800

2. 办公椅：高400～450，长×宽450×450

3. 沙发：宽600～800，高350～400，靠背高1000

4. 茶几：前置型900×400×400（高），中心型900×900×400，角型700×700×400，左右型600×400×400

5. 书柜：高1800，宽1200～1500，深450～500

6. 书架：高1800，宽1000～1300，深350～450

7. 中心会议室客容量：会议桌边长÷600

8. 环式高级会议室客容量：环形内线÷（700～1000）

9. 环式会议室服务通道宽600～800

附录四：中小型家装公司的一般工作流程

1. 向客户介绍公司（业务员）：介绍公司集成化家居的优势，展示集成化家居产品图片。

2. 参观施工地（业务员，设计师）：公司安排专车免费接送客户前往公司的装修样板间，详细了解装饰公司的设计、施工水平。

3. 初步了解（设计师）：客户与设计师进行沟通，使设计师初步了解客户的基本设计需求。

4. 现场量房（设计师）：设计师对装修居室进行现场测量，记录房屋的主要数据，以便绘制完整、准确和规范的设计图纸。

5. 绘图（设计师）：设计师根据量房数据绘制设计方案图（平面图、天花图）及初步预算。

6. 再次沟通（设计师）：客户就设计图纸不满意的地方与设计师商量修改。

7. 交纳量房定金（设计师、行政人员）：客户对设计师的设计认可后即可交付量房定金。

8. 修改、确定最终方案（设计师）：要求设计师出全套图纸及最终报价。图纸包括：原始结构图、结构改造图、平面布置图、天花布置图、电路布置图、插座布置图、墙面立面图、柜体立面图。

9. 分部经理审核（工程部）：由分部经理对设计师的图纸和预算进行审核，确认与实际情况相符并签字确认。

10. 签订合同（公司）：签订施工合同，客户按照合同规定缴纳首期款。

11. 前期追访（客户部）：客户服务专员在客户签完合同后，应该提醒客户注意有关事项，办好有关施工手续，保证如期开工。

12. 现场交底（设计师）：客户、设计师、工长和质检员在施工现场进行交底，对图纸，就施工项目和工艺做法进行沟通。

13. 材料验收进场：物流配送中心为保证主要材料的环保和质量，节省客户的时间和精力，统一将材料送到施工现场，并由客户签字验收。

14. 设计生产：设计师根据施工现场实际面积和情况进行设计，安排材料和配件明细进行生产。

15. 隐藏工程验收：质检员主要对水电路、防水和包管等进行验收，必须由客户签字后方可继续施工。

16. 中期验收：质检员、客户和工长联合检验，以确保工程进度和施工质量。

17. 中期回访：客户服务专员询问客户意见，并及时将有关问题反映给公司相关部门解决。

18. 主材配送：主材商按客户约定的时间将客户订购的主材送到施工现场，并由客户签字验收。

19. 交中期款：客户交纳合同中所定的中期款和增项款。

20. 工长自检：施工基本完成前，由工长自行检查，确保无施工质量问题。

21. 工程验收：质检员、设计师、客户和工长共同对施工质量进行检查，检查合格后四方签字确认。

22. 保洁：工程部安排专业保洁公司清理施工现场，保持施工现场干净、清洁。

23. 工程结算：客户在工程合格验收后，将工程剩余款项交到公司。

24. 保修：客户缴纳尾款后，办理保修手续。

25. 回访：电话回访客户，帮助客户解决问题。听取客户的意见。

附录五：家居装饰业主需求意向表范本

一、客户基本情况

1. 姓名：________先生（女士）
2. 年龄：________
3. 职业：________
4. 学历：________
5. 家庭成员（同住、年龄）情况：

（1）父、母：________年龄：________父母
（2）夫、妻：________年龄：________夫妻
（3）子、女：________年龄：________子女
（4）其他：________

二、玄关部分（门厅）

1. 是否有考虑安排？设置鞋柜□、衣柜□、镜子□（整装）
2. 是否介意入门能够直观全室？介意□、无所谓□
3. 玄关的设计是否要考虑其文化属性或氛围？适当兼顾□、重点考虑□、无所谓□
4. 对玄关有无其他特别要求？（灯光、色彩等）

三、客厅部分

1. 客厅的主要功能：家人休息□、看电视□、听音乐□、其他
2. 接待客人（偶尔□、经常□、基本不接待□），接待人数约为________人
3. 是否与餐厅合为一体？（是□、否□）
4. 客人来家中聚会内容？（聊天□、Party□、亲友聚餐□）
5. 客厅内的视听设施有哪些？规格？尺寸？
6. 音像多少？需要背景音响？是否需要特别的设施？（是□、否□）
7. 对客厅有无特殊的灯光设计要求？（主灯□电视背景射灯□沙发背景射灯□地灯□冷色光源□暖色光源□彩色光源□主灯分置□主灯调亮装置□其他）
8. 客厅的基本色调：（偏暖色系□偏冷色系□）
9. 客厅地面的希望是：（实木地板□复合地板□玻化砖□仿古砖□普通防滑砖□环氧水泥地面□有部分地台□其他特别要求）

10. 是否有其他使用功能要求?

四、餐厅部分

1. 餐厅使用人数，频率?（早餐□、中餐□、晚餐□），餐桌、椅如何配置?（1×2□1×4□1×6□1×8□）
2. 是否需要配置餐柜□酒柜□陈列柜□?有□、无□藏酒?
3. 餐厅是否是家人（朋友）聚会（交流）的主要场所?（是□否□）
4. 是否需要在餐厅看电视?（是□、否□）棋牌等娱乐活动?（是□否□）
5. 对餐厅的色彩有无特别要求?（全部暖色□全部素色□全部冷色□局部彩色□）对灯光要求?（一盏主灯□两盏主灯□三盏主灯□需要射灯□不需要射灯□）
6. 家庭烹饪的特点：

五、厨房部分

1. 有何电器设备?（电冰箱□微波炉□烤箱□燃气灶□抽油烟机□电磁炉□电烤箱□热水器□电饭锅□消毒柜□粉碎机□洗衣机□其他电器）
2. 对墙、地材料材质或色彩有何特别要求?
3. 对水、电设备的要求?（凉水□热水□）
4. 对橱柜的档次、品质、色彩有何要求?
5. 照明有何要求?（主灯即可□操作台有工作灯□橱柜内有装饰光源□发光橱柜□）

六、书房部分

1. 书房的使用?（读书写作□计算机操作□会客品茶□兼客房□其他）
2. 书房使用以（何人）为主? 共有（几人）同时使用书房?
3. 存书数量、种类?（藏书类□大开本工具书、画册□杂志类□数量大□数量少□）
4. 习惯以何种姿势看书?（坐□躺卧□）

七、主卧室

1. 对卧具的选择?（购买、制作、品种、颜色）
2. 床的要求?（1.5m×2m□1.8m×2m□ 2m×2m□2.2m×2m□其他□）
3. 床的类型?（木制□金属铁艺□皮革□布艺□中式□古典欧式□简约□）
4. 储存柜数量的要求?（鞋、箱包等）

5. 是否需要梳妆台？是□否□（化妆的要求、习惯）
6. 对灯光的要求（无主灯□主灯□墙灯□床头灯□落地灯□地灯□背景灯光□可调光源□设床头开关□）
7. 卧室整体色彩搭配？（冷色系□暖色系□素色□局部艳色□）
8. 墙、地面材料？（乳胶漆□壁纸□实木地板□复合地板□地砖□整体地毯□）
9. 是否需要视听设备、宽带？（注明规格）

八、儿、女房间（老人房间及客房）

1. 房间的使用功能（居住情况：临时客房□老人□保姆□子女房□双人床□单人床□双层床□）
2. 家具的配置（制作□购买□）（书桌□写字台□衣柜□书柜□）
3. 对儿（女）房间的规格（有□没有□）考虑时间段（年龄、今后的更变）的要求？
4. 对儿（女）房间有无色彩要求？（冷色系□暖色系□局部艳色□素色□）
5. 墙、地面材料？（乳胶漆□壁纸□实木地板□复合地板□地砖□整体地毯□）
6. 儿（女）有何兴趣、爱好？（钢琴□绘画□篮球架□飞镖靶□其他□）
7. 有没有旧家具需要保留？其色调、尺寸、数量？
8. 老人房间的设计是否要考虑老人特殊的身体状况、习惯？
9. 儿（女）、老人房间有无特别的灯光（起夜灯）、警报、监控等要求？
10. 请注明儿（女）玩具、书籍的数量？（玩具件，书籍本）

九、卫生间部分

1. 洁具的安排（普通浴缸□按摩浴缸□浴帘□玻璃沐浴屏□现做台盆□定做整体台盆□）
2. 灯光的具体要求？
3. 卫生间的色彩倾向？
4. 其他要求：

十、阳台部分

1. （是□否□）需要封阳台？材料？（铝合金□塑钢□木制□其他）
2. 如何使用、规划（晒衣□健身□休息□储物□养植花木□兼书房□）
3. 阳台天棚？（刷漆□PVC板□铝扣板□实木格栅□金属格栅□桑拿板□做窗帘盒□不做窗帘盒□）

十一、补充部分

1. 空调的数量要求？

2. 电话的数量、要求?
3. 电脑（多媒体）、位置?
4. 视听设备?（是□否□需要单独的视听室）
5. 对哪些地域、文化生活有兴趣、爱好?
6. 对墙面、饰品的兴趣、爱好?
7. 个人是否有特殊物品需要展示? 是□否□
8.（是□否□）认为家中应有绿色植物、鲜花? 对植物品种有何种要求?
9. 对家具的风格款式有无特别要求?（木本色清油□复合材料□混油□清混结合□不锈钢风格□玻璃材质□大部分现场做□大部分订购□全部订购□）
10. 个人对服装着装、色彩有什么喜好、习惯?
11. 对家居色彩的感觉、喜好（冷色系暖□暖色系□）
12. 平日从事（喜好）何种体育项目? 有什么运动器械?
13. 在设计、装修中有没有什么忌讳、禁忌?
14. 此次装饰后有何种使用变化?

十二、投资计划

1. 打算在装饰计划中的预期投资（装饰费及主材料费）为多少元? 其中装饰费约为多少元? 灯具、洁具、厨具、五金等主材费约为多少元?
2. 您在家具方面的预算投资约为多少元? 会选择哪些品牌?

附录六：家居装饰预算书范本

编号	施工项目	单位	数量	单价	合价	备注
一、门厅玄关						
1	墙面乳胶漆（立邦永得丽）	m^2	57.0	24.00	1368.00	①若遇油漆、壁纸、喷涂等非亲水性涂料层，铲墙皮费用另计。 ②刮披腻子二遍，打磨二遍，用乳胶漆刷底漆一遍、面漆两遍。 ③乳胶漆颜色双色不加价，超过两种颜色每增加一色按相应乳胶漆品牌价格加价。
2	顶面乳胶漆（立邦永得丽）	m^2	74.0	24.00	1776.00	①若遇油漆、壁纸、喷涂等非亲水性涂料层，铲墙皮费用另计。 ②刮披腻子二遍，打磨二遍，用乳胶漆刷底漆一遍、面漆两遍。 ③乳胶漆颜色双色不加价，超过两种颜色每增加一色按相应乳胶漆品牌价格加价。
3	木龙骨纸面石膏板吊平顶开灯槽	m^2	42.0	110.00	4620.00	①木龙骨做架，9mm纸面石膏板封面。自攻螺丝固定，钉眼点涂防锈漆。 ②石膏板接缝处用石膏填平后粘贴纸带，腻子刮平。 ③面层料、石膏顶角线费用另计。
4	800mm×800mm浅色玻化砖铺设（带拼花）	m^2	69.0	28.00	1932.00	水泥，砂浆，人工（主材甲供）。
5	玄关制作	项	1.0	400.00	400.00	详见图纸（人工+辅料，大理石甲供）。
6	鞋柜（清混油标准工艺）	m	1.6	650	1040.00	详见图纸。
7	木龙骨纸面石膏板吊平顶开灯槽暗藏灯带	m^2	30.0	135.00	4050.00	①木龙骨做架，9mm纸面石膏板封面。自攻螺丝固定，钉眼点涂防锈漆。 ②石膏板接缝处用石膏填平后粘贴纸带，腻子刮平。 ③面层料、石膏顶角线费用另计。
8	架空电视地台（混油标准工艺）	m	4.6	150	690.00	使用环保大芯板或多层板做基层，外贴饰面三合板，角钢架打底，膨胀螺钉固定。
9	沙发背景装饰墙	m^2	3.0	135.00	405.00	材料+基层+人工。

续表

编号	施工项目	单位	数量	单价	合价	备注
10	装饰酒架（清油标准工艺）	m^2	7.0	650.00	4550.00	①使用环保大芯板或多层板做基层，外贴三合板，背衬九厘板，实木线收口。 ②封闭柜体内贴国产红榉板刷漆。
11	大理石干挂	m^2	45.0	220.00	9900.00	辅料+人工。
12	包柱子	项	1.0	2200.00	2200.00	详见图纸。
13	新做双扇格栅玻璃门（清油标准工艺）	组	2.0	2000.00	4000.00	①环保优质机拼大芯板做门或一层大芯板两边九厘板，外贴三合板，门厚度不大于45mm，实木线收口。 ②不含铁艺、门锁、门吸、合页等五金配件，包含安装费。 ③玻璃采用5mm普通白玻或磨砂玻璃，无造型、无雕花、不穿边。
二、厨房						
1	条形铝扣板吊顶	m^2	10.6	145.00	1537.00	①木龙骨刷防水、防火涂料。 ②龙骨规格25mm×30mm，网格不大于300mm×300mm。 ③特利达条形铝扣板，厚0.6mm。
2	地砖铺设	m^2	10.6	28.00	296.80	水泥，砂浆，人工（主材甲供）。
3	墙砖铺设	m^2	28.0	32.00	896.00	水泥，砂浆，人工（主材甲供）。
4	新包双面门套（清油标准工艺）	m^2	5.6	165.00	924.00	①使用环保大芯板或多层板做基层，外贴三合板，背衬九厘板，实木线收口。 ②封闭柜体内贴国产红榉板刷漆。
5	包管	根	1.0	110.00	110.00	轻钢龙骨，拉毛水泥压力板。
6	新做格栅玻璃门（清油标准工艺）	组	1.0	2000.00	2000.00	①环保优质机拼大芯板做门或一层大芯板两边九厘板，外贴三合板，门厚度不大于45mm，实木线收口。 ②不含铁艺、门锁、门吸、合页等五金配件，包含安装费。 ③玻璃采用5mm普通白玻或磨砂玻璃，无造型、无雕花、不穿边。

续表

编号	施工项目	单位	数量	单价	合价	备注
三、公共卫生间、生活阳台						
1	条形铝扣板吊顶	m^2	4.3	145.00	623.50	①木龙骨刷防水、防火涂料。 ②龙骨规格25mm×30mm，网格不大于300mm×300mm。 ③特利达条形铝扣板，厚0.6mm。
2	地砖铺设	m^2	9.1	28.00	254.80	水泥，砂浆，人工（主材甲供）。
3	墙砖铺设	m^2	18.0	32.00	576.00	水泥，砂浆，人工（主材甲供）。
4	新包双面门套（清油标准工艺）	m^2	9.6	165.00	1584.00	①使用环保大芯板或多层板做基层，外贴三合板，背衬九厘板，实木线收口。 ②封闭柜体内贴国产红榉板刷漆。
5	包水管	根	1.0	110.00	110.00	轻钢龙骨，拉毛水泥压力板。
6	新做格栅玻璃门（清油标准工艺）	扇	1.0	1050.00	1050.00	①环保优质机拼大芯板做门或一层大芯板两边九厘板，外贴三合板，门厚度不大于45mm，实木线收口。 ②不含铁艺、门锁、门吸、合页等五金配件，包含安装费。 ③玻璃采用5mm普通白玻或磨砂玻璃，无造型、无雕花、不穿边。
7	拆墙	m^2	6.0	38.00	228.00	人工。
四、休闲阳台（一）						
1	顶面乳胶漆（立邦永得丽）	m^2	15.5	24.00	372.00	①若遇油漆、壁纸、喷涂等非亲水性涂料层，铲墙皮费用另计。 ②刮披腻子二遍，打磨二遍，刷面漆三遍。含刷底漆的乳胶漆，面漆刷两遍。 ③乳胶漆颜色双色不加价，超过两种颜色每增加一色相应乳胶漆品牌加价。
2	洗衣台置物架制作	项	1.0	1200.00	1200.00	详见图纸。
3	地砖铺设	m^2	15.5	28.00	434.00	水泥，砂浆，人工（主材甲供）。

续表

编号	施工项目	单位	数量	单价	合价	备注
五、二楼过道、书房						
1	墙面乳胶漆（立邦永得丽）	m^2	16.7	24.00	400.80	①若遇油漆、壁纸、喷涂等非亲水性涂料层，铲墙皮费用另计。 ②刮披腻子二遍，打磨二遍，刷面漆三遍。含刷底漆的乳胶漆，面漆刷两遍。 ③乳胶漆颜色双色不加价，超过两种颜色每增加一色相应乳胶漆品牌加价。
2	顶面乳胶漆（立邦永得丽）	m^2	16.7	24.00	400.80	①若遇油漆、壁纸、喷涂等非亲水性涂料层，铲墙皮费用另计。 ②刮披腻子二遍，打磨二遍，刷面漆三遍。含刷底漆的乳胶漆，面漆刷两遍。 ③乳胶漆颜色双色不加价，超过两种颜色每增加一色相应乳胶漆品牌加价。
3	木龙骨石膏板吊平顶安射灯	m^2	18.0	130.00	2340.00	①木龙骨做架，9mm纸面石膏板封面。自攻螺丝固定，钉眼点涂防锈漆。 ②石膏板接缝处用石膏填平后粘贴纸带，腻子刮平。 ③面层料、石膏顶角线费用另计。
4	木质装饰假梁（清油标准工艺）	根	4.0	180.00	720.00	①使用环保大芯板或多层板做基层，外贴三合板，背衬九厘板，实木线收口。 ②柜体内有底板，隔板一至两层大芯板。油漆：聚酯漆4遍或硝基漆12遍。 ③规格350～600mm，含安装费，五金配件另计。
5	石膏板装饰墙开缝挖槽（装饰物甲供）	m^2	4.0	160.00	640.00	①木龙骨做架，9mm纸面石膏板封面。自攻螺丝固定，钉眼点涂防锈漆。 ②石膏板接缝处用石膏填平后粘贴纸带，腻子刮平。 ③面层料、石膏顶角线费用另计。

续表

编号	施工项目	单位	数量	单价	合价	备注
6	书柜	m^2	6.4	800.00	5120.00	①使用环保大芯板或多层板做基层，外贴三合板，背衬九厘板，实木线收口。 ②封闭柜体内贴国产红榉板刷漆。复杂柜门每扇加收60～80元。 ③书架垂直间距不大于300mm，横向间距不大于600mm，厚度不大于400mm。超出价格另计。 ④不含异材，铁艺、石材、门锁、拉手、合页、金属等五金配件。但含安装费。
六、儿童房（一）						
1	墙面乳胶漆（立邦永得丽）	m^2	38.0	24.00	912.00	①若遇油漆、壁纸、喷涂等非亲水性涂料层，铲墙皮费用另计。 ②刮披腻子二遍，打磨二遍，刷面漆三遍。含刷底漆的乳胶漆，面漆刷两遍。 ③乳胶漆颜色双色不加价，超过两种颜色每增加一色相应乳胶漆品牌加价。
2	顶面乳胶漆（立邦永得丽）	m^2	12.0	24.00	288.00	①若遇油漆、壁纸、喷涂等非亲水性涂料层，铲墙皮费用另计。 ②刮披腻子二遍，打磨二遍，刷面漆三遍。含刷底漆的乳胶漆，面漆刷两遍。
3	新包双面门套（清油标准工艺）	m^2	4.8	165.00	792.00	①使用环保大芯板或多层板做基层，外贴三合板，背衬九厘板，实木线收口。 ②封闭柜体内贴国产红榉板刷漆。 ③乳胶漆颜色双色不加价，超过两种颜色每增加一色相应乳胶漆品牌加价。
4	床对墙装饰	项	1.0	480.00	480.00	详见图纸（人工+辅料，大理石甲供）。
5	新做实心门开槽造型（清油标准工艺）	扇	1.0	1350.00	1350.00	①环保优质机拼大芯板做门或一层大芯板两边九厘板，外贴三合板，门厚度不大于45mm，实木线收口。 ②不含铁艺、门锁、门吸、合页等五金配件，包含安装费。 ③玻璃采用5mm普通白玻或磨砂玻璃，无造型、无雕花、不穿边。

续表

编号	施工项目	单位	数量	单价	合价	备注
七、次卧						
1	墙面乳胶漆（立邦永得丽）	m^2	38.0	24.00	912.00	①若遇油漆、壁纸、喷涂等非亲水性涂料层，铲墙皮费用另计。 ②刮披腻子二遍，打磨二遍，刷面漆三遍。含刷底漆的乳胶漆，面漆刷两遍。 ③乳胶漆颜色双色不加价，超过两种颜色每增加一色相应乳胶漆品牌加价。
2	顶面乳胶漆（立邦永得丽）	m^2	13.0	24.00	312.00	①若遇油漆、壁纸、喷涂等非亲水性涂料层，铲墙皮费用另计。 ②刮披腻子二遍，打磨二遍，刷面漆三遍。含刷底漆的乳胶漆，面漆刷两遍。 ③乳胶漆颜色双色不加价，超过两种颜色每增加一色相应乳胶漆品牌加价。
3	新包双面门套（清油标准工艺）	m^2	4.8	165.00	792.00	①使用环保大芯板或多层板做基层，外贴三合板，背衬九厘板，实木线收口。 ②封闭柜体内贴国产红榉板刷漆。
4	新做实心门开槽造型（清油标准工艺）	扇	1.0	1350.00	1350.00	①环保优质机拼大芯板做门或一层大芯板两边九厘板，外贴三合板，门厚度不大于45mm，实木线收口。 ②不含铁艺、门锁、门吸、合页等五金配件，包含安装费。 ③玻璃采用5mm普通白玻或磨砂玻璃，无造型、无雕花、不穿边。
八、次卫生间						
1	条形铝扣板吊顶	m^2	5.2	145.00	754.00	①木龙骨刷防水、防火涂料。 ②龙骨规格25mm×30mm，网格不大于300mm×300mm。 ③特利达条形铝扣板，厚0.6mm。
2	地砖铺设	m^2	5.2	28.00	145.60	水泥，砂浆，人工（主材甲供）。
3	墙砖铺设	m^2	21.0	32.00	672.00	水泥，砂浆，人工（主材甲供）。

续表

编号	施工项目	单位	数量	单价	合价	备注
4	新包双面门套（清油标准工艺）	m^2	4.8	165.00	792.00	①使用环保大芯板或多层板做基层，外贴三合板，背衬九厘板，实木线收口。 ②封闭柜体内贴国产红榉板刷漆。
5	包水管	根	1.0	110.00	110.00	轻钢龙骨，拉毛水泥压力板。
6	新做格栅玻璃门（清油标准工艺）	扇	1.0	1050.00	1050.00	①环保优质机拼大芯板做门或一层大芯板两边九厘板，外贴三合板，门厚度不大于45mm，实木线收口。 ②不含铁艺、门锁、门吸、合页等五金配件，包含安装费。 ③玻璃采用5mm普通白玻或磨砂玻璃，无造型、无雕花、不穿边。
九、儿童房（二）						
1	墙面乳胶漆（立邦永得丽）	m^2	28.0	24.00	672.00	①若遇油漆、壁纸、喷涂等非亲水性涂料层，铲墙皮费用另计。 ②刮披腻子二遍，打磨二遍，刷面漆三遍。含刷底漆的乳胶漆，面漆刷两遍。 ③乳胶漆颜色双色不加价，超过两种颜色每增加一色相应乳胶漆品牌加价。
2	顶面乳胶漆（立邦永得丽）	m^2	6.8	24.00	163.20	①若遇油漆、壁纸、喷涂等非亲水性涂料层，铲墙皮费用另计。 ②刮披腻子二遍，打磨二遍，刷面漆三遍。含刷底漆的乳胶漆，面漆刷两遍。 ③乳胶漆颜色双色不加价，超过两种颜色每增加一色相应乳胶漆品牌加价。
3	新包双面门套（清油标准工艺）	m^2	4.8	165.00	792.00	①使用环保大芯板或多层板做基层，外贴三合板，背衬九厘板，实木线收口。 ②封闭柜体内贴国产红榉板刷漆。
4	新做实心门开槽造型（清油标准工艺）	扇	1.0	1350.00	1350.00	①环保优质机拼大芯板做门或一层大芯板两边九厘板，外贴三合板，门厚度不大于45mm，实木线收口。 ②不含铁艺、门锁、门吸、合页等五金配件，包含安装费。 ③玻璃采用5mm普通白玻或磨砂玻璃，无造型、无雕花、不穿边。

续表

编号	施工项目	单位	数量	单价	合价	备注
十、休闲阳台（二）						
1	顶面乳胶漆（立邦永得丽）	m^2	15.5	24.00	372.00	①若遇油漆、壁纸、喷涂等非亲水性涂料层，铲墙皮费用另计。 ②刮披腻子二遍，打磨二遍，刷面漆三遍。含刷底漆的乳胶漆，面漆刷两遍。 ③乳胶漆颜色双色不加价，超过两种颜色每增加一色相应乳胶漆品牌加价。
2	地砖铺设	m^2	15.5	28.00	434.00	水泥，砂浆，人工（主材甲供）。
十一、主人房						
1	墙面乳胶漆（立邦永得丽）	m^2	68.0	24.00	1632.00	①若遇油漆、壁纸、喷涂等非亲水性涂料层，铲墙皮费用另计。 ②刮披腻子二遍，打磨二遍，刷面漆三遍。含刷底漆的乳胶漆，面漆刷两遍。 ③乳胶漆颜色双色不加价，超过两种颜色每增加一色相应乳胶漆品牌加价。
2	顶面乳胶漆（立邦永得丽）	m^2	36.0	24.00	864.00	①若遇油漆、壁纸、喷涂等非亲水性涂料层，铲墙皮费用另计。 ②刮披腻子二遍，打磨二遍，刷面漆三遍。含刷底漆的乳胶漆，面漆刷两遍。 ③乳胶漆颜色双色不加价，超过两种颜色每增加一色相应乳胶漆品牌加价。
3	木龙骨石膏板平顶	m^2	30.0	95.00	2850.00	①木龙骨做架，9mm纸面石膏板封面。自攻螺丝固定，钉眼点涂防锈漆。 ②石膏板接缝处用石膏填平后粘贴纸带，腻子刮平。 ③面层料、石膏顶角线费用另计。
4	电视背景（艺术墙纸饰面）	项	3.5	135.00	472.50	材料+基层+人工。

续表

编号	施工项目	单位	数量	单价	合价	备注
5	木龙骨石膏板装饰墙	m^2	11.5	95.00	1092.50	①木龙骨做架，9mm纸面石膏板封面。自攻螺丝固定，钉眼点涂防锈漆。 ②石膏板接缝处用石膏填平后粘贴纸带，腻子刮平。 ③面层料、石膏顶角线费用另计。
6	床头背景暗藏灯带（清油标准工艺）	m^2	8.8	260.00	2288.00	使用环保大芯板或多层板做基层，外贴三合板，背衬九厘板，实木线收口。
7	新包双面门套（清油标准工艺）	m^2	4.8	165.00	792.00	使用环保大芯板或多层板做基层，外贴三合板，背衬九厘板，实木线收口。
8	新做实心门开槽造型（清油标准工艺）	扇	1.0	1350.00	1350.00	①环保优质机拼大芯板做门或一层大芯板两边九厘板，外贴三合板，门厚度不大于45mm，实木线收口。 ②不含铁艺、门锁、门吸、合页等五金配件，包含安装费。 ③玻璃采用5mm普通白玻或磨砂玻璃，无造型、无雕花。
9	衣柜柜体（混油标准工艺）	m^2	10.8	580.00	6264.00	①柜体内使用环保大芯板，外贴三合板，背衬九厘板，实木线收口，有底板，隔板一至两层大芯板。 ②封闭柜体内贴国产红榉板刷漆，每米含一个抽屉，不含五金配件等，含安装费。 ③油漆：聚酯漆4遍或硝基漆12遍。
10	封墙	m^2	8.8	82.00	721.60	人工、材料。
十二、主人房卫生间						
1	地砖铺设	m^2	10.0	28.00	280.00	水泥，砂浆，人工（主材甲供）。
2	墙砖铺设	m^2	20.0	32.00	640.00	水泥，砂浆，人工（主材甲供）。
3	新包双面门套（清油标准工艺）	m^2	4.8	165.00	792.00	①使用环保大芯板或多层板做基层，外贴三合板，背衬九厘板，实木线收口。 ②封闭柜体内贴国产红榉板刷漆。

续表

编号	施工项目	单位	数量	单价	合价	备注
4	松木吊顶	m^2	10.0	280.00	2800.00	①优质机拼大芯板衬底。 ②表面处理刷漆、刷涂料另计。 ③饰面另计。
5	包水管	根	1.0	110.00	110.00	轻钢龙骨，拉毛水泥压力板。
6	桑拿板护墙	m^2	5.0	280.00	1400.00	①优质机拼大芯板衬底。 ②表面处理刷漆、刷涂料另计。 ③饰面另计。
7	新做格栅玻璃门（清油标准工艺）	扇	1.0	1050.00	1050.00	①环保优质机拼大芯板做门或一层大芯板两边九厘板，外贴三合板，门厚度不大于45mm，实木线收口。 ②不含铁艺、门锁、门吸、合页等五金配件，包含安装费。 ③玻璃采用5mm普通白玻或磨砂玻璃，无造型、无雕花、不穿边。
十三、客房						
1	墙面乳胶漆（立邦永得丽）	m^2	24.0	24.00	576.00	①若遇油漆、壁纸、喷涂等非亲水性涂料层，铲墙皮费用另计。 ②刮披腻子二遍，打磨二遍，刷面漆三遍。含刷底漆的乳胶漆，面漆刷两遍。 ③乳胶漆颜色双色不加价，超过两种颜色每增加一色相应乳胶漆品牌加价。
2	顶面乳胶漆（立邦永得丽）	m^2	8.6	24.00	206.40	①若遇油漆、壁纸、喷涂等非亲水性涂料层，铲墙皮费用另计。 ②刮披腻子二遍，打磨二遍，刷面漆三遍。含刷底漆的乳胶漆，面漆刷两遍。 ③乳胶漆颜色双色不加价，超过两种颜色每增加一色相应乳胶漆品牌加价。
3	新包双面门套（清油标准工艺）	m^2	4.8	165.00	792.00	①使用环保大芯板或多层板做基层，外贴三合板，背衬九厘板，实木线收口。 ②封闭柜体内贴国产红榉板刷漆。

续表

编号	施工项目	单位	数量	单价	合价	备注
4	新做实心门开槽造型（清油标准工艺）	扇	1.0	1350.00	1350.00	环保优质机拼大芯板做门或一层大芯板两边九厘板，外贴三合板，门厚度不大于45mm，实木线收口。
十四、休闲阳台（三）						
1	顶面乳胶漆（立邦永得丽）	m^2	48.0	24.00	1152.00	1. 若遇油漆、壁纸、喷涂等非亲水性涂料层，铲墙皮费用另计。 2. 刮披腻子二遍，打磨二遍，刷面漆三遍。含刷底漆的乳胶漆，面漆刷两遍。 3. 乳胶漆颜色双色不加价，超过两种颜色每增加一色相应乳胶漆品牌加价。
2	地砖铺设	m^2	35.0	28.00	980.00	水泥，砂浆，人工（主材甲供）。
十五、其他						
1	水、电改造预收	项	1.0	12000.00	12000.00	预收，按实际发生计算（参见合同附件的材料提供及收费标准）。
2	建渣清运	套	1.0	800.00	800.00	运送到物业指定地点。
3	灯具安装	套	1.0	650.00	650.00	人工。
4	洁具安装	套	1.0	600.00	600.00	人工。
	工程预算总造价				117748.50	

编制说明：①本报价不含主材（洁具，龙头，灯具，门锁，五金件，木地板，墙砖，地砖）。
②项目均以工程实际发生工程量为准。
③在施工过程中，若甲方增减项目及更改使用材料，双方另做记录，以签证工程为准。
④物业管理及押金等手续由甲方办理。
⑤饰面板为一级饰面板（如用实木饰面贴面甲供）。

[1] 刘怀敏．居住空间设计[M]．北京：机械工业出版社，2012.

[2] 罗润来，康永平．住宅空间设计[M]．哈尔滨：哈尔滨工程大学出版社，2009.